全国二级建造师执业资格考试模拟题

建设工程施工管理

刘俊颖　梅世强　孙　慧　主编

中国城市出版社
·北京·

图书在版编目（CIP）数据

建设工程施工管理 / 刘俊颖，梅世强，孙慧
主编. —北京：中国城市出版社，2014.3
全国二级建造师执业资格考试模拟题
ISBN 978-7-5074-2938-1

Ⅰ.①建… Ⅱ.①刘… ②梅… ③孙… Ⅲ.①建筑工程－施工管理－建筑师－资格考试－习题集 Ⅳ.①TU71-44

中国版本图书馆 CIP 数据核字（2014）第 038298 号

本书是《建设工程施工管理》科目的考试模拟题。本书严格按照最新考试大纲的要求，由具有丰富考前辅导经验的专家，在对近几年真题进行详细归纳与解析的基础上编写而成，知识面覆盖广，重难点突出。包括施工管理、施工成本管理、施工进度管理、施工质量管理、施工职业健康安全与环境管理、施工合同管理、施工信息管理七个章节。四套仿真模拟题均由多年从事该科目考前辅导的专家负责命题，答案部分都附有详细的解析过程和所体现知识点的详细讲解。

本书适用于参加全国二级建造师执业资格考试的人员使用。

* * *

责任编辑：常 燕 付 娇

全国二级建造师执业资格考试模拟题
建设工程施工管理
刘俊颖 梅世强 孙 慧 主编
*
中国城市出版社出版、发行（北京市西城区广安门南街甲 30 号）
各地新华书店、建筑书店经销
广州市友间文化传播有限公司制版
北京振兴源印务有限公司印刷
*
开本：787×1092 毫米 1/16 印张：7.375 字数：164 千字
2014 年 3 月第一版 2014 年 3 月第一次印刷
定价：**26.00** 元
ISBN 978-7-5074-2938-1

本社网址：http://www.citypress.cn

本书编委会

主　　编： 刘俊颖　梅世强　孙　慧

编委会成员：（按姓氏笔画排序）

马　辉　王　伟　王　英　王　凯

刘　戈　刘尔烈　刘俊颖　毕　星

孙　慧　李长燕　李锦华　杨克磊

肖　艳　张　宇　张　宏　张　琦

张　睿　郭　伟　郭汉丁　唐建生

梅世强　商纯福　谭庆美

前 言

本系列《模拟题集》(2014年版)用于全国二级建造师执业资格考试辅导。命题团队在总结多年的考前辅导和命题经验的基础上，紧扣2014年考试大纲，精心打磨完成了本系列三册12套模拟题。本试题的题型和难易程度完全与真题等同，可以帮助考生在考前较短的复习时间内准确把握考试的重点和难点，迅速提高应试水平，考出更好的成绩。

本系列模拟题集试题涵盖《建设工程施工管理》、《建设工程法规及相关知识》和《建筑工程管理与实务》三科内容，每科有四套模拟试题。每册模拟题均由多年从事该科目考前辅导的专家负责命题，答案部分都附有详细的解析过程和所体现知识点的详细讲解。

《建设工程施工管理》科目的考试内容包括施工管理、施工成本管理、施工进度管理、施工质量管理、施工职业健康安全与环境管理、施工合同管理、施工信息管理七个章节。冲刺阶段，考生要在围绕教材全面复习的基础上，注重热点，突出重点，体现知识更新，理论联系实际，侧重能力提升。

本册模拟题由具有丰富考前辅导经验的专家，在对近几年真题进行详细归纳与解析的基础上，严格按照最新考试大纲的要求编写而成，知识面覆盖广，重难点突出。同时，答案与最新教材《建设工程施工管理(第四版)》内容一一对应，方便考生迅速查找考点，提高复习效率。书中习题解答中标注的页码是对应参考资料图书的页码。

本模拟题既可作为平时练习，也可在冲刺阶段使用，作为对知识的自查与巩固以及考前演练。通过这四套精心打磨的模拟题，相信考生一定能够掌握考试题型，熟悉出题思路，抓住考试重点，提高应试技巧，显著提升考试成绩。

预祝各位考生顺利通过考试!

目　录

模拟题一

一、单项选择题（共 70 题，每题 1 分。每题的备选项中，只有 1 个最符合题意）

1. 某建设工程项目采用施工总承包管理模式，业主将其中的基础施工分包给某专业分包商，则该分包商应接受（　　）的施工管理。

A. 业主　　B. 监理方　　C. 施工企业　　D. 施工总承包管理方

2. 编制项目进度项编码、合同编码、工程档案编码等项目信息编码的基础是（　　）。

A. 项目结构图和项目结构编码　　B. 组织结构图和组织结构编码

C. 工作流程图和项目结构编码　　D. 工作流程图和组织结构编码

3. 关于工作任务分工的说法，正确的是（　　）。

A. 工作任务分工可以用相应的组织工具表示其组织关系

B. 组织论中的组织分工就是工作任务分工

C. 设计单位、施工单位、供货单位等都应协助业主编制共同的项目管理任务分工表

D. 工作任务分工通常确定之后固定不变

4. 某工程施工分包商编制了外立面施工工作流程图，该流程图能够反映外立面施工有关的各项工作之间的（　　）关系。

A. 主次　　B. 逻辑　　C. 指令　　D. 合同

5. 下列分部（分项）工程中，需要编制分部（分项）工程施工组织设计的是（　　）。

A. 零星土方工程　　B. 外墙抹灰工程

C. 混凝土垫层工程　　D. 定向爆破工程

6. 施工组织总设计包括如下工作：① 编制资源需求量计划；② 编制施工总进度计划；③ 施工总平面图设计；④ 拟订施工方案。其正确的工作顺序是（　　）。

A. ①—②—③—④　　B. ④—②—①—③

C. ①—③—②—④　　D. ④—①—②—③

7. 下列项目目标动态控制措施中，属于经济措施的是（　　）。

A. 调整进度管理的方法　　B. 调整职能分工

C. 落实加快工程施工进度所需的资金　　D. 改进施工工艺

8. 某施工企业项目经理，在组织项目施工中，由于工作失误造成直接经济损失达 50 万元，则施工企业主要追究其（　　）。

A. 法律责任　　B. 经济责任　　C. 行政责任　　D. 社会责任

9. 某钢门窗安装工程，工程进行到第三个月末时，已完工作预算费用为 35 万元，已完工作实际费用为 30 万元，则该项目的成本控制效果是（　　）。

A. 费用偏差为−5 万元，项目运行超出预算

B. 费用偏差为 5 万元，项目运行节支

C. 费用偏差为 5 万元，项目运行超出预算

D. 费用偏差为−5 万元，项目运行节支

10. 某分项工程的混凝土成本数据如下表所示。应用因素分析法分析各因素对成本的影响程度，则可得出由于产量提高增加的成本是（　　）万元。

项目	单位	目标	实际
产量	立方	800	850
单价	元	600	640
损耗率	%	5	3

A. 10880　　B. 35700　　C. 31500　　D. 56320

11. 施工期内因材料价格波动影响合同价格时，根据造价信息差额调整法，如果承包人投标报价中材料单价低于基准单价，下列做法正确的是（　　）。

A. 材料单价跌幅以基准单价为基础超过合同约定的风险幅度值时，其超过部分按实调整

B. 材料单价涨幅以投标报价为基础超过合同约定的风险幅度值时，其超过部分按实调整

C. 材料单价跌幅以投标报价为基础超过合同约定的风险幅度值时，其超过部分按实调整

D. 应按省级或行业建设主管部门或其授权的工程造价机构发布的材料成本文件调整

12. 某工程使用单价合同，施工现场使用自有施工机械一台，台班单价为 800 元/台班，折旧费为 300 元/台班，人工日工资单价为 100 元/工日，窝工费约定为 50 元/工日。由于电网停电，导致工程全部停工 2 天，人工窝工 8 个工日，则施工企业应索赔（　　）元。

A. 0　　B. 500　　C. 1000　　D. 1500

13. 下列建设工程项目进度控制工作中，属于设计方进度控制任务的是（　　）。

A. 部署项目动用准备工作进度

B. 协调设计、招标的工作进度

C. 编制项目施工的工作进度

D. 编制供货进度计划

14. 某网络计划中，工作 A 的紧后工作是 B 和 C，工作 B 的最迟开始时间为 15，最早开始时间为 9；工作 C 的最迟完成时间为 16，最早完成时间为 13；工作 A 与工作 B、C 的

时间间隔均为 4d，则工作 A 的总时差为（　　）d。

A. 3　　B. 7　　C. 8　　D. 10

15. 下图所示网络计划的计算工期为（　　）d。

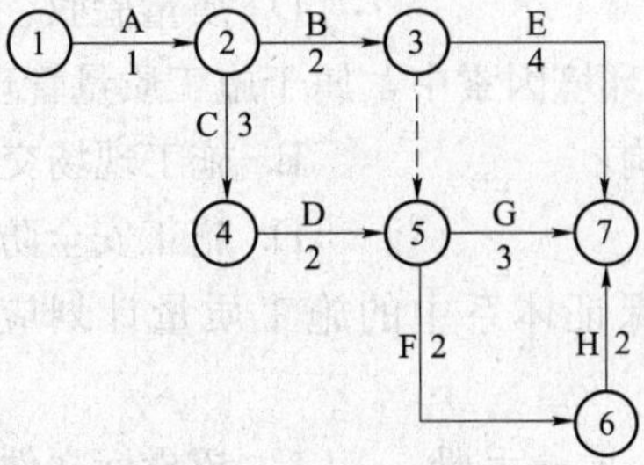

A. 9　　B. 10　　C. 11　　D. 12

16. 某网络计划中，工作 M 的最早完成时间是第 9 天，最迟完成时间是第 15 天，工作的持续时间 4d，其所有紧后工作时间间隔最小值为 2d。则该工作的自由时差为（　　）天。

A. 2　　B. 3　　C. 4　　D. 5

17. 某双代号网络计划如图所示（时间单位：d），则该计划的关键线路是（　　）。

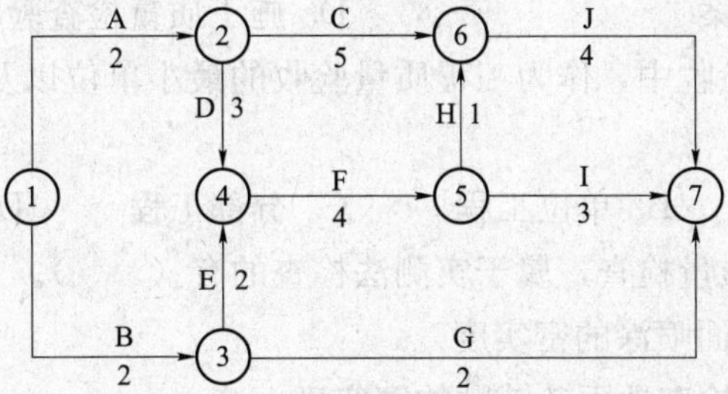

A. ①—②—④—⑤—⑥—⑦　　B. ①—②—④—⑤—⑦

C. ①—③—④—⑤—⑥—⑦　　D. ①—③—④—⑤—⑦

18. 下列网络计划中，工作 E 的最迟开始时间是第（　　）天。

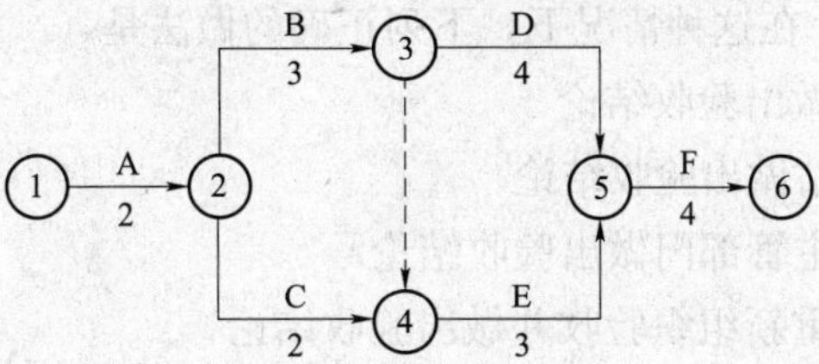

A. 4　　B. 5　　C. 6　　D. 7

19. 下列进度控制措施中，属于组织措施的是（　　）。

A. 编制过程资源需求计划　　B. 应用互联网进行进度控制

C. 制定进度控制工作流程　　D. 选择先进的施工技术

20. 工程项目的竣工验收存在一定的局限性，工程项目建成后，不能像一般工业产品一样依靠终检判断产品的质量和控制产品的质量，所以工程项目施工质量控制应强调（　　）。

A. 投入要素的质量控制　　B. 施工方法的技术比选

C. 过程控制　　D. 质量验收

21. 下列影响施工质量的环境因素中，属于施工质量管理环境因素的是（　　）。

A. 地下障碍物的影响　　B. 施工现场交通运输条件

C. 质量管理制度　　D. 施工安全防护设施

22. 工程项目施工质量保证体系中的施工质量计划应根据企业的项目质量目标和（　　）进行编制。

A. 质量记录　　B. 质量手册　　C. 招投标文件　　D. 工程承包合同

23. 工程项目质量管理中，应将相互关联的过程作为系统加以识别、理解和管理，这是质量管理原则中（　　）的要求。

A. 持续改进　　B. 过程方法

C. 基于事实的决策方法　　D. 管理的系统方法

24. 下列施工质量控制措施中，属于事中质量控制的是（　　）。

A. 设计交底　　B. 重要结构实体检测

C. 制定施工方案　　D. 施工质量检查验收

25. 工程施工质量验收中，作为工程质量验收的最小单位以及整个建造工程质量验收的基础的是（　　）。

A. 分项工程　　B. 单位工程　　C. 分部工程　　D. 检验批

26. 下列施工现场质量检查，属于实测法检查的有（　　）。

A. 肉眼观察墙面喷涂的密实度

B. 用敲击工具检查地面砖铺贴的密实度

C. 用直尺检查地面的平整度

D. 现场检测混凝土试件的抗压强度

27. 某工程在竣工质量验收时，参与竣工验收的设计单位与施工、监理单位对验收结论无法形成一致的意见。在这种情况下，下列正确的做法是（　　）。

A. 由建设单位做出验收结论

B. 由质量监督站做出验收结论

C. 请建设行政主管部门做出验收结论

D. 协商一致后重新组织验收并做出验收结论

28. 某建设工程项目由于采用的水准仪不准，导致楼面标高和层高错误，发现问题后推倒重做，使施工进度延误、施工费用增加，该风险属于（　　）。

A. 组织风险　　B. 技术风险

C. 工程环境风险　　D. 经济与管理风险

29. 在施工风险管理工程中，属于风险评估工作的是（　　）。

A. 分析各种风险的损失量　　B. 制定风险管理范围

C. 确定风险因素　　D. 风险监控和预警

30. 工程建设监理的公正性，要求监理方在处理业主和承包商之间的矛盾或者利益冲突时应（　　）。

A. 在维护承包商利益的同时，兼顾业主的利益

B. 尽最大可能同时维护业主和承包商的利益

C. 在维护业主利益的同时，不损害承包商的利益

D. 站在绝对公平的立场协调业主和承包商的利益

31. 房屋建筑工程的主体结构工程在混凝土浇筑时，需要旁站监理。根据《建设工程监理规范》（GB 50319—2013），施工企业至少应当在混凝土浇筑前（　　）h，书面通知监理单位派驻工地的监理机构。

A. 24　　B. 36　　C. 48　　D. 60

32. 根据《建筑安装工程费用项目组成》（建标［2013］44 号），下列费用中，属于材料费的是（　　）。

A. 施工机械折旧费　　B. 运输损耗费

C. 仪器仪表使用费　　D. 固定资产使用费

33. 建筑安装工程费用中，不能够作为竞争性费用的是（　　）。

A. 规费和税金　　B. 分部分项工程费

C. 措施项目费　　D. 其他项目费

34. 根据《标准施工招标文件》，下列时间中承包人可以获得工期、费用和利润的补偿的是（　　）。

A. 施工过程发现文物　　B. 发包人的原因导致的工程缺陷和损失

C. 异常恶劣的气候条件　　D. 发包人的原因造成工期延误

35. 发生合同工程工期延误时，计划进度日期后续工程的价格应采用（　　）。

A. 计划进度日期与实际进度日期两者的较高者

B. 因发包人原因导致工期延误时，计划进度日期后续工程的价格，采用计划进度日期与实际进度日期两者的较低者

C. 因承包人原因导致工期延误时，计划进度日期后续工程的价格，采用计划进度日期与实际进度日期两者的较低者

D. 计划进度日期与实际进度日期两者的较低者

36. 对于夜间施工费，采用工程量清单计价宜采用（　　）的方法。

A. 综合单价法　B. 参数法计价　C. 分包法计价　D. 全费用综合单价

37. 某工程根据清单规则计算的挖方量为 $3000m^3$，根据地质资料和施工方案计算需人工挖土方量为 $5200m^3$，人工挖土单价为 8 元/m^3，机械运土方量为 $2200m^3$，机具费单价为 20 元/m^3，管理费取人、料、机费的 14%，利润取人、料、机与管理费之和的 8%。根据建筑工程量清单计算规则计算该土方工程的综合单价为（　　）元/m^3。

A. 26.27　B. 35.13　C. 28.53　D. 38.91

38. 编制人工定额时，应计入定额时间的是（　　）。

A. 工人在工作时间内打私人电话时间

B. 工人午饭前早退时间

C. 工作结束后的整理工作时间

D. 施工组织不善造成的停工时间

39. 编制标准砖砌体的材料消耗定额时，砌筑砂浆的消耗量应按（　　）确定。

A. 净用量　　B. 净用量加损耗量

C. 一次损耗量　　D. 损耗量加补损量

40. 筑路机在工作区末端调头的时间属于机械工作时间消耗中的（　　）。

A. 有效工作时间　　B. 多余工作时间

C. 不可避免的无负荷工作时间　　D. 不可避免的中断时间

41. 为了取得成本管理的理想效果，项目经理可采取的经济措施是（　　）。

A. 加强施工调度，避免窝工损失

B. 进行技术经济分析，确定最佳施工方案

C. 对各种变更及时落实业主签证

D. 研究合同条款，寻找索赔机会

42. 下列时间—成本累计曲线中，符合施工计划成本变化规律的曲线是（　　）。

A.
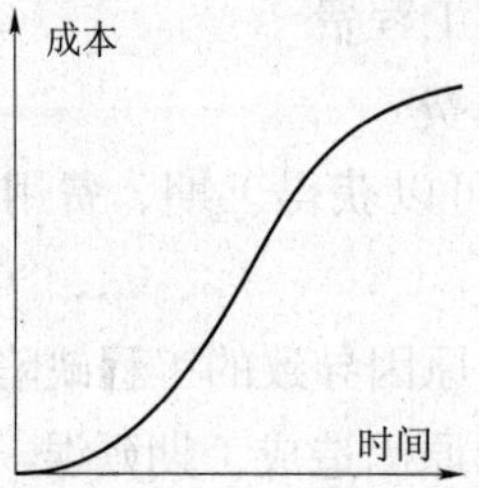

B.
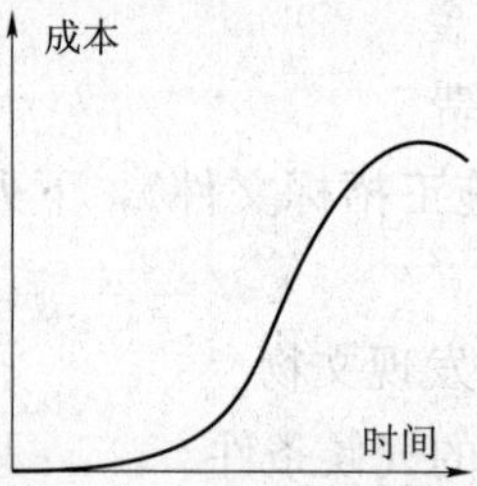

C.
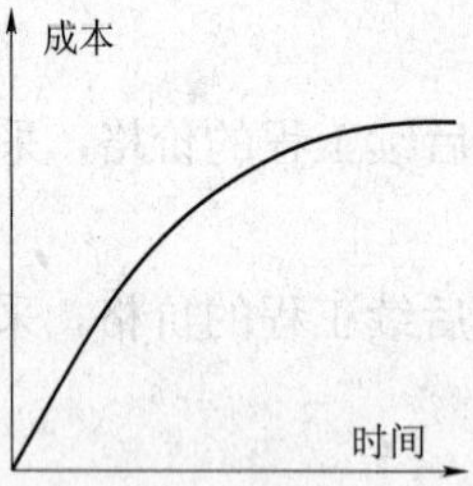

D.
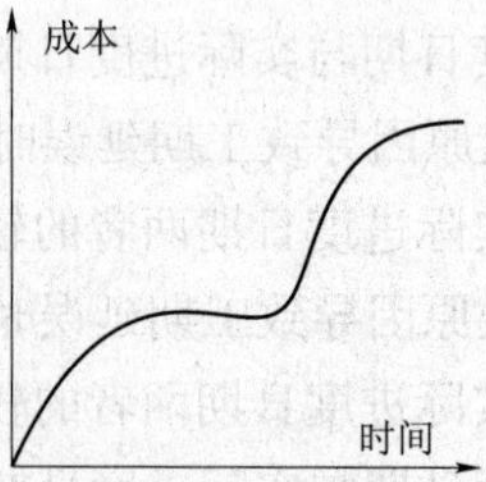

43. 某施工企业为获得某工程的施工任务，在投标过程中估算本企业完成招标工程所需要支出的全部费用。该阶段所编制的成本计划属于（　　）。

A. 竞争性成本计划　　B. 指导性成本计划

C. 实施性成本计划　　D. 战略性成本计划

44. 关于编制施工项目成本计划时考虑预备费的说法，正确的是（　　）。

A. 只针对整个项目考虑总的预备费，以便灵活调用

B. 在分析各分项工程风险基础上，只针对部分分项工程考虑预备费

C. 既要针对项目考虑总的预备费，也要在分项工程中安排适当的不可预见费

D. 不考虑整个项目预备费，由施工企业统一考虑

45. 在施工成本控制的工作步骤中，“分析”的主要内容是（　　）。

A. 估计完成项目所需的费用

B. 了解工程进展情况及纠偏措施的执行情况和效果

C. 及时了解施工成本是否超支

D. 查找产生偏差的原因

46. 关于施工总承包特点的说法，正确的是（　　）。

A. 施工可以在项目设计阶段未结束前进行，缩短建设周期

B. 施工总承包合同一般只实行单价合同

C. 业主只负责对施工总承包单位的管理及组织协调

D. 项目质量的好坏很大程度上取决于业主的管理水平

47. 承包人未通知监理人到场检验，承包人就自行将施工中隐蔽部位覆盖。此后，经剥开重新检验证明其质量是符合合同要求的，由此增加的费用和延误的工期应由（　　）承担。

A. 承包人　　B. 发包人

C. 发包人和承包人共同　　D. 监理人和承包人共同

48. 根据《建设工程施工合同（示范文本）》（GF 2013—0201），在监理人出具竣工付款证书后的（　　）日内，发包人需将应支付款支付给承包人。

A. 7　　B. 14　　C. 28　　D. 42

49. 根据《建设工程施工劳务分包合同（示范文本）》（GF 2013—0214），下列有关劳务分包人应办理的保险的说法，正确的是（　　）。

A. 劳务分包人应为施工场地内的自有人员生命财产办理保险，并支付保险费用

B. 劳务分包人应为运至施工场地用于劳务施工的材料办理保险，并支付保险费用

C. 劳务分包人应为承包人提供的施工机械办理保险，并支付保险费用

D. 劳务分包人应为租赁的承包人的施工机械办理保险，并支付保险费用

50. 按验收方式划分，由建设工程采购方仓库管理人员对所购物资的数量和外观进行检验的验收方式，属于（　　）。

A. 驻厂验收　　B. 提运验收　　C. 接运验收　　D. 入库验收

51. 某单价合同的投标报价单中，钢筋混凝土的单价为 300 元/m^3，数量为 1000m^3，合同价应该为 300000 元，而投标人实际上只写了 30000 元。则业主方在评标时应采取的正确做法是（　　）。

A. 以总价为准调整单价　　B. 要求投标者重新提报混凝土单价

C. 以单价为准调整总价　　D. 将该投标文件作废标处理

52. 对于建筑面积为 2.5 万 m^2 的建筑工程的工地，宜设（　　）名专职安全人员。

A. 1　　B. 2～3　　C. 3～5　　D. 5～7

53. 《职业健康安全管理体系》（GB/T 28000 系列）的五大要素是（　　）。

A. 方针、策划、实施与运行、检查和纠正措施、管理评审

B. 范围、总要求、方针、实施与运行、管理评审

C. 引用文件、方针、策划、实施与运行、检查和纠正措施

D. 术语和定义、方针、实施与运行、检查和纠正措施、管理评审

54. 某工程在建楼房倒塌，致使 5 名工人死亡，直接经济损失 900 万元人民币。根据国务院《生产安全事故报告和调查处理条例》，该生产安全事故类型属于（　）。

A. 特别重大事故　　B. 重大事故

C. 较大事故　　D. 一般事故

55. 某工程采用施工总承包模式，施工过程中某分包工程发生生产安全事故，则负责将该事故向建设主管部门和有关部门上报的单位是（　）。

A. 监理单位　B. 建设单位　C. 总承包单位　D. 分包单位

56. 下列施工单位在施工现场的做法中，正确的是（　）。

A. 施工现场焚烧油毡　　B. 将有害废弃物作土方回填

C. 将泥浆水接入城市排水设施　　D. 使用密封或圆筒处理高空废弃物

57. 对于施工现场的临时食堂，用餐人数在（　）人以上的，应设置简易有效的隔油池，使产生的污水经过隔油池后再排入市政污水管网。

A. 50　B. 80　C. 90　D. 100

58. 关于施工平行承发包特点的说法，正确的是（　）。

A. 业主在施工图完成后即可知道整个工程的总造价

B. 业主可以分次招标，每次招标工作量较小，业主用于招标的时间较少

C. 业主直接管理所有的施工合同，管理风险小

D. 业主直接控制所有工程的发包，可决定所有工程的承包商的选择

59. 某住宅工程在施工过程中突然发生墙体倒塌，当场死亡 1 人，重伤 1 人，造成直接经济损失 18000 元。根据工程质量事故造成的人员伤亡或直接经济损失，该起质量事故属于（　）。

A. 特别重大事故　　B. 严重质量事故

C. 重大质量事故　　D. 一般质量事故

60. 某住宅楼墙体砌筑时，监理工程师发现由于施工放线错误，导致通风口位置偏离 10cm，则对该质量问题的恰当处理方式是（　）。

A. 加固处理　B. 修补处理　C. 返工处理　D. 不作处理

61. 工程施工质量事故的处理包括：① 事故处理；② 制订事故处理方案；③ 事故处理的鉴定验收；④ 事故调查；⑤ 事故原因分析。其正确的程序为（　）。

A. ④－⑤－①－②－③　　B. ⑤－④－②－①－③

C. ④－⑤－②－①－③　　D. ⑤－④－①－②－③

62. 建设工程质量监督档案需经（　）签字后归档，按规定年限保存。

A. 质量监督机构负责人　　B. 项目业主代表

C. 项目总监理工程师　　D. 建设行政主管机构负责人

63. 下列管理人员的安全教育内容，针对班组长和安全员的是（　）。

A. 本系统安全及其相应的安全技术知识

B. 本职的安全生产责任

C. 安全文件

D. 本企业、本班组和工作岗位的危险因素

64. 施工企业制定安全生产规章制度，属于安全技术措施计划中的（　）。

A. 安全技术措施　　B. 职业卫生措施

C. 辅助用房间及设施　　D. 安全宣传教育措施

65. 某工地发生触电事故，一方面要进行人的安全用电操作教育，同时现场也要设置漏电开关，对配电箱、用电电路进行防护改造，也要严禁非专业电工乱接乱拉电线。这体现了施工安全隐患处理的（　）原则。

A. 冗余安全度处理　　B. 单项隐患综合处理

C. 直接隐患与间接隐患并治原则　　D. 重点处理原则

66. 下列文件中，需要按照文明工地标准，制作各类工程标志牌的是（　）。

A. 施工组织设计　　B. 施工图

C. 施工现场平面图　　D. 竣工图

67. 根据九部委《标准施工招标文件》，承包人提交了索赔文件后，干扰事件对施工造成持续影响，这种情况下承包人的正确做法为（　）。

A. 只需在干扰事件影响结束后 28d 内提交最终索赔报告

B. 按工程师要求的间隔提交延续索赔通知，干扰事件影响结束后 28d 内提交最终索赔报告

C. 按工程师要求的间隔提交延续索赔通知，干扰事件影响结束后 36d 内提交最终索赔报告

D. 按工程师要求的间隔提交中间索赔报告，干扰事件影响结束后 28d 内提交最终索赔报告

68. 施工项目信息管理工作中，在项目施工过程中形成的单位工程交工质量核定表属于（　）信息。

A. 施工记录　　B. 施工技术资料

C. 项目管理　　D. 工程总体

69. 能够全面反映建设工程施工全过程质量控制和保证的依据性证明资料是（　）。

A. 工程施工技术管理资料　　B. 工程质量控制资料

C. 工程施工质量验收资料　　D. 竣工图

70. 平行发包给多个承包单位的建设工程项目，应由各承包单位负责收集、整理、立卷其承包项目的工程文件，并应当在工程竣工验收前及时向（　）移交。

A. 监理单位　　B. 建设单位

C. 城建档案管理机构　　D. 质量监督机构

二、多项选择题（共 25 分，每题 2 分，每题的备选项中，有 2 个或 2 个以上符合题意，至少有 1 个错项，错选，本题不得分；少选，所选的每个选项得 0.5 分）

71. 关于建设工程项目管理的说法，正确的有（　　）。

A. “项目开始至项目完成”包括了项目的决策、实施阶段

B. 同一项目的目标内涵对项目的各参与单位来说是相同的

C. 项目决策阶段的主要任务是确定项目的定义

D. 项目实施阶段的主要任务是实现项目的目标

E. 项目的策划指的是项目目标控制前的策划和准备工作

72. 下列施工过程的质量控制中，属于工序施工质量控制的有（　　）。

A. 设计合理的机械设备技术性能标准

B. 钢筋保护层厚度检测

C. 幕墙工程硅酮结构胶相容性检测

D. 管网或输配电线路定位测量复核

E. 砌体强度现场检测

73. 下列工程质量问题中，需做修补处理的情况有（　　）。

A. 混凝土结构出现宽度大于 0.3mm 的裂缝，分析研究后不影响结构的安全和使用

B. 某公路桥梁工程预应力拉张系数远低于规定值

C. 某一结构构件材料强度不足，但进行复核验算后能满足设计要求

D. 混凝土结构表面出现蜂窝、麻面

E. 混凝土现浇楼面的平整度偏差达到 8mm

74. 根据《建设工程质量管理条例》及建设部有关规范性文件，政府质量监督机构可以委托建设工程质量监督机构进行（　　）的监督管理行为。

A. 检查建设工程参与各方的质量保证体系建立情况

B. 通报工程质量检查情况

C. 处罚建设参与各方违法行为

D. 收取建设工程质量监督费

E. 对差劣工程开具质量整改单

75. 下列属于安全生产责任制的纵向方面的有（　　）。

A. 财务部门负责人　　B. 项目经理

C. 施工员　　D. 班组长

E. 人力资源部门负责人

76. 下列关于生产安全事故应急预案体系的说法，正确的有（　　）。

A. 生产安全事故应急预案体系包括综合应急预案、专项应急预案和现场处置方案

B. 综合应急预案、专项应急预案和现场处置方案对象不同，相互独立

C. 综合应急预案是应对各类事故的综合性文件

D. 专项应急预案是针对具体的事故类别、危险源和应急保障而制定的计划或方案

E. 事故相关人员应熟练掌握现场处置方案，并进行应急演练

77. 下列进度计划中，属于由不同功能的计划组成的进度计划系统的是（　　）。

A. 施工和设备安装进度计划　　B. 控制性进度计划

C. 5 年建设进度计划　　D. 实施性进度计划

E. 采购和供货进度计划

78. 某工程施工进度计划如图所示，下列说法正确的有（　　）。

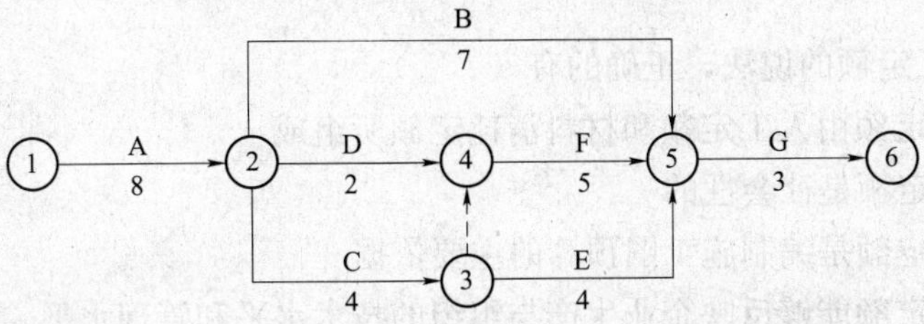

A. G 的紧前工作有 B、E、F　　B. F 的紧前工作只有 D

C. C 的紧后工作只有 E　　D. E 的紧前工作只有 C

E. B、D 的紧后工作都有 F

79. 某双代号网络计划如下图所示，图中已标出每项工作的最早开始时间和最迟开始时间，该计划表明（　　）。

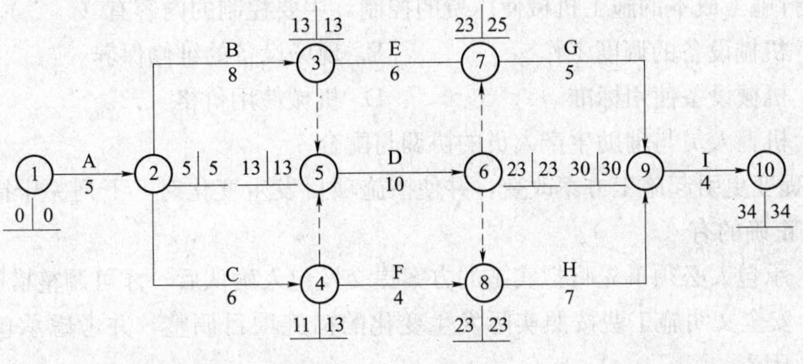

A. 工作 2～4 的总时差为 0　　B. 工作 3～7 为非关键工作

C. 工作 8～9 的自由时差为 3　　D. 工作 4～8 的自由时差为 8

E. 工作 2～3 的自由时差为 0

80. 工程项目施工质量保证体系的主要内容有（　　）。

A. 思想、组织、工作保证体系　　B. 项目施工质量目标

C. 项目施工质量实施　　D. 项目施工质量记录

E. 项目施工质量计划

81. 下列施工质量控制内容中，属于现场施工质量检查内容的有（　　）。

A. 检查开工后能否保持持续正常施工

B. 检查对工程质量有重大影响的工序

C. 检查材料质量检验报告

D. 检查成品保护的保护措施是否有效可靠

E. 检查施工机械性能稳定性

82. 根据《建筑安装工程费用项目组成》（建标［2013］44号）规定，人工费、材料费、施工机具使用费、企业管理费和利润包含在（　　）中。

A. 分部分项工程费　　B. 措施项目费

C. 其他项目费　　D. 规费

E. 税金

83. 关于施工定额的说法，正确的有（　　）。

A. 施工定额由人工定额和材料消耗定额所组成

B. 施工定额是社会性的

C. 施工定额是编制施工图预算的主要依据

D. 施工定额能够反映企业生产与组织的技术水平和管理水平

E. 施工定额是建设工程定额的基础性定额

84. 下列文件中，属于施工成本计划编制依据的有（　　）。

A. 招标文件　　B. 施工预算

C. 材料的市场价　　D. 施工组织设计

E. 周转设备内部租赁价格

85. 推行施工成本的施工机械使用费的控制，主要控制的内容有（　　）。

A. 机械设备的调度工作　　B. 现场设备的维修保养

C. 机械设备使用标准　　D. 机械使用价格

E. 机上人员与辅助生产人员的协调与配合

86. 工程变更引起施工方案改变，并使措施项目发生变化时，下列关于措施项目费调整的说法，正确的有（　　）。

A. 承包人必须事先将拟实施的方案提交发包人确认后，才可调整措施项目费

B. 安全文明施工费按照实际发生变化的措施项目调整，并考虑承包人报价浮动因素

C. 按总价计算的措施项目费，按照实际发生变化的措施项目调整，并考虑承包人报价浮动因素

D. 按单价计算的措施项目费，按照实际发生变化的措施项目按已标价工程量清单项目的规定确定单价

E. 按系数计算的措施项目费，按照实际发生变化的措施项目调整，不得浮动

87. 关于施工总承包管理方责任的说法，正确的有（　　）。

A. 施工总承包管理方和施工总承包方承担的管理任务和责任不同

B. 施工总承包管理方承担对分包方的组织和管理责任

C. 施工总承包管理方不能承担施工任务，它只负责进行施工的总体管理和协调

D. 施工总承包管理方必须直接与分包方和供货方签订施工合同

E. 施工总承包管理方可以应业主方要求支付各个分包单位的各种款项

88. 地铁工程可以分为车站工程和区间隧道工程。针对该项目的特点，进行项目结构分解应考虑的因素和原则有（　　）。

A. 考虑施工总体部署　　B. 考虑项目的组成

C. 考虑合同关系、合同实施和合同结构　　D. 有利于工程交工验收

E. 有利于项目目标控制

89. 在工程项目施工过程中，运用动态控制原理进行投资控制，投资的计划值和实际值比较是指（　　）。

A. 施工成本规划与工程款支付中的相应成本项的比较

B. 工程合同价与施工成本规划中相应成本项的比较

C. 工程合同价与实际施工成本中相应成本项的比较

D. 工程合同价与工程款支付中的相应成本项的比较

E. 施工成本规划与实际施工成本中的相应成本项的比较

90. 若某事件经过风险评估，位于事件风险量区域图中的风险区 A，则应采取的措施有（　　）。

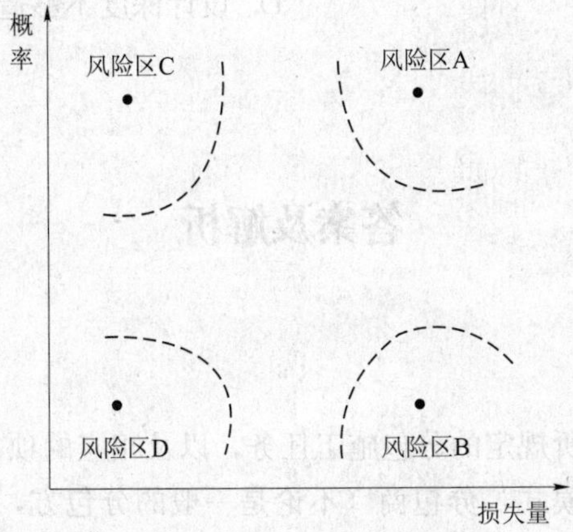

A. 降低其发生概率，使它移位至风险区 D

B. 降低其损失量，使它移位至风险区 C

C. 降低其发生概率，使它移位至风险区 C

D. 降低其损失量，使它移位至风险区 B

E. 降低其发生概率，使它移位至风险区 B

91. 根据《建筑安装工程费用项目组成》（建标［2013］44 号），应计入规费的有（　　）。

A. 临时设施费　B. 工程排污费　C. 劳动保险费　D. 医疗保险费

E. 住房公积金

92. 建设工程安全事故调查报告的主要内容有（　　）。

A. 事故发生单位概况　　B. 对事故责任者的处罚措施

C. 事故造成的人员伤亡和经济损失 D. 事故的性质

E. 事故整改的完成人和监督人

93. 施工总承包模式的特点有（　　）。

A. 在开工前就有较明确的合同价，有利于业主对总造价的早期控制

B. 业主对施工总承包单位的依赖较大

C. 业主要负责所有承包单位的管理及组织协调，工作量较大

D. 一般要等施工图设计全部结束后，才能进行施工总承包的招标

E. 施工总承包模式适用于大型项目和建设周期紧迫的项目

94. 根据《建设工程施工劳务分包合同（示范文本）》（GF 2003—0214），劳务分包人的主要义务有（　　）。

A. 提供生产、生活临时设施　　B. 投入足够的人力、物力，保证工期

C. 编制物资需用量计划表　　D. 实现文明施工

E. 负责工程测量定位、技术交底、组织图纸会审

95. 某工程采用固定总价合同，下列风险中应由承包商承担的有（　　）。

A. 不可抗力造成的损失　　B. 工程量计算错误

C. 人工费上涨　　D. 设计深度不够造成的损失

E. 政治风险

答案及解析

1. D

P5

分包施工方承担合同所规定的分包施工任务，以及相应的项目管理任务。若采用施工总承包或施工总承包管理模式，分包商（不论是一般的分包方，或由业主指定的分包方）必须接受施工总承包方或施工总承包管理方的工作指令，服从其总体的项目管理。

2. A

P12

项目结构的编码依据项目结构图，对项目结构的每一层的每一个组成部分进行编码。项目结构图和项目结构的编码是编制其他编码的基础。

3. A

P8

组织论中的组织分工指工作任务分工与管理职能分工。

P18

业主方和项目各参与方，如设计单位、施工单位、供货单位和工程管理咨询单位等都有各自的项目管理的任务，上述各方都应该编制各自的项目管理任务分工表。随着工程的进展，任务分工表还应不断深化与细化。

4. B

P23

工作流程图用图的形式反映一个组织系统中各项工作之间的逻辑关系，它可用以描述工作流程组织。

5. D

P26

分部（分项）工程施工组织设计是针对某些特别重要的、技术复杂的，或采用新工艺、新技术施工的分部（分项）工程，如深基础、无粘结预应力混凝土、特大构件的吊装、大量土石方工程、定向爆破工程等为对象编制的。

6. B

P27

施工组织设计中的工作有些顺序不可逆转：（1）拟订施工方案后才可编制施工总进度计划（因为进度的安排取决于施工的方案）；（2）编制施工总进度计划后才可编制资源需求量计划（因为资源需求量计划要反映各种资源在时间上的需求）。

7. C

P29

选项A属于管理措施，选项B属于组织措施，选项D属于技术措施。

8. B

P35

项目经理由于主观原因，或由于工作失误有可能承担法律责任和经济责任。政府主管部门将追究的主要是其法律责任，企业将追究的主要是其经济责任。但是，如果由于项目经理的违法行为而导致企业的损失，企业也有可能追究其法律责任。

9. B

P115

费用偏差＝已完工作预算费用－已完工作实际费用，当费用偏差为负值时，即表示项目运行超出预算费用；当费用偏差为正值时，表示项目运行节支，实际费用没有超出预算费用。

10. C

P96

① 800×600×1.05＝504000。② 850×600×1.05＝535500。由于产量增加50，使成本增加了：②－①＝31500。③ 850×640×1.05＝571200。由于单价增加了40，使成本增加了：③－②＝35700。④ 850×640×1.03＝560320。由于损耗率降低了2%，使成本减少了：④－③＝－10880，即减少了10880。实际成本与目标成本的差额：31500＋35700－10880＝56320

11. C

P84

材料、工程设备价格变化的价款调整按照发包人提供的主要材料和工程设备一览表，按照发承包双方约定的风险范围按以下规定进行。(1) 当承包人投标报价中材料单价低于基准单价：施工期间材料单价涨幅以基准单价为基础超过合同约定的风险幅度值时，或材料单价跌幅以投标报价为基础超过合同约定的风险幅度值时，其超过部分按实调整；(2) 当承包人投标报价中材料单价高于基准单价：施工期间材料单价跌幅以基准单价为基础超过合同约定的风险幅度值时，或材料单价涨幅以投标报价为基础超过合同约定的风险幅度值时，其超过部分按实调整；(3) 当承包人投标报价中材料单价等于基准单价：施工期间材料单价涨、跌幅以基准单价为基础超过合同约定的风险幅度值时，其超过部分按实调整。

12. C

P88

索赔是指在合同履行过程中，对于非己方的过程而应由对方承担责任的情况造成的损失，向对方提出补偿的要求。其中，人工费的停工损失费和工作效率降低的损失费按窝工费计算，窝工费的标准双方应在合同中约定；因窝工引起的设备费索赔，当施工机械属于施工企业自有时，按照机械折旧计算索赔费用，当施工机械是施工企业从外部租赁时，索赔费用的标准按照设备租赁费计算。

所以本案例中，施工企业可索赔的费用为：人工费 50×8＋设备费 300×2＝1000

13. B

P125

选项 A 属于业主方进度控制的任务，选项 C 属于施工方进度控制的任务，选项 D 属于供货方进度控制的任务。

14. B

P134

总时差指不影响总工期的前提下，工作可以利用的机动时间。A 工作的总时差＝A 工作的自由时差＋min{其紧后工作总时差}＝4＋min{15－9，16－13}＝7。

15. B

P134

计算工期等于以网络计划的终点节点为箭头节点的各个工作的最早完成时间的最大值。即计算工期 $T_c=\max\{EF_{3-7}, EF_{5-7}, EF_{6-7}\}=10$。

16. A

P134

自由时差是指在不影响其紧后工作最早开始的前提下，可以利用的机动时间。工作 M 与其紧后工作的时间间隔最小值为 2d，则其自由时差为 2d。

17. A

P135

线路上总的工作持续时间最长的线路为关键线路。

18. C

P134

最迟开始时间等于最迟完成时间减去持续时间。工作 E 的最迟完成时间为 9，则其最迟开始时间为 6。

19. C

P146

选项 A 属于经济措施，选项 B 属于管理措施，选项 D 属于技术措施。

20. C

P152

工程项目建成以后不能像一般工业产品那样依靠终检来判断产品的质量和控制产品的质量；也不可能像工业产品那样将其拆卸或解体检查内在质量，或更换不合格的零部件。所以，工程项目的终检（竣工验收）存在一定的局限性。故此，工程项目的施工质量控制应强调过程控制，边施工，边检查，边整改，及时做好检查、认证记录。

21. C

P150

选项 A 属于现场自然环境因素，选项 B、D 属于施工作业环境因素。

22. B

P153

项目施工质量保证体系应有可行的质量计划。质量计划应根据企业的质量手册和项目质量目标来编制。

23. D

P155

管理的系统方法，即将相互关联的过程作为系统加以识别、理解和管理，有助于组织提高实现目标的有效性和效率。

24. B

P156

事中质量控制是指在施工质量形成过程中，对影响施工质量的各种因素进行全面的动态控制。选项 A、C 属于事前质量控制，选项 D 属于事后质量控制。

25. D

P166

检验批是工程验收的最小单位，是分项工程乃至整个建筑工程质量验收的基础。检验批是施工过程中条件相同并有一定数量的材料、构配件或安装项目，由于其质量基本均匀一致。因此，可以作为检验的基础单位，并按批验收。

26. C

P158

实测法就是通过实测数据与施工规范、质量标准的要求及允许偏差值进行对照，以此判断质量是否符合要求。选项 A、B 属于目测法，选项 D 属于试验法。

27. D

P169

参与工程竣工验收的建设、勘察、设计、施工、监理等各方不能形成一致意见时，应当协商提出解决办法，待意见一致后，重新组织工程竣工验收，必要时可提请建设行政主管部门或质量监督站调解。

28. B

P38

就构成风险的因素进行分类，可将建设工程施工的风险分为：（1）组织风险，如：承包商管理人员和一般技工的知识、经验和能力；施工机械操作人员的知识、经验和能力；损失控制和安全管理人员的知识、经验和能力等。（2）经济与管理风险，如：工程资金供应条件；合同风险；现场与公用防火设施的可用性及其数量；事故防范措施和计划；人身安全控制计划；信息安全控制计划等。（3）工程环境风险，如：自然灾害；岩土地质条件和水文地质条件；气象条件；引起火灾和爆炸的因素等。（4）技术风险，如：工程设计文件；工程施工方案；工程物资；工程机械等。

29. A

P39

选项 B 属于风险响应工作，选项 C 属于风险识别工作，选项 D 属于风险控制工作。

30. C

P40

工程监理机构受业主的委托进行工程建设的监理活动，当业主方和承包商发生利益冲突或矛盾时，工程监理机构应以事实为依据，以法律和有关合同为准绳，在维护业主的合法权益时，不损害承包商的合法权益，这体现了建设工程监理的公正性。

31. A

P45

施工企业根据监理企业制定的旁站监理方案，在需要实施旁站监理的关键部位、关键工序进行施工前 24h，应当书面通知监理企业派驻工地的项目监理机构。项目监理机构应当安排旁站监理人员按照旁站监理方案实施旁站监理。

32. B

P47

材料费是指施工过程中耗费的原材料、辅助材料、构配件、零件、半成品或成品、工程设备的费用。内容包括：（1）材料原价；（2）运杂费；（3）运输损耗费；（4）采购及保管费。

选项 A、C 属于施工机具使用费，选项 D 属于企业管理费。

33. A

P56

建设单位和施工企业均应按照找省、自治区、直辖市或行业建设主管部门发布的标准计算规费和税金，不得作为竞争性费用。

34. D

P89

见表 2Z102035。

35. C

P82

发生合同工程工期延误的，应按照下列规定确定合同履行期应予调整的价格：(1) 因发包人原因导致工期延误的，则计划进度日期后续工程的价格，采用计划进度日期与实际进度日期两者的较高者；(2) 因承包人原因导致工期延误的，则计划进度日期后续工程的价格，采用计划进度日期与实际进度日期两者的较低者。

36. B

P64

参数法计价主要适用于施工过程中必须发生，但在投标时很难具体分项预测，又无法单独列出项目内容的措施项目。如夜间施工费、二次搬运费、冬雨期施工的计价均可采用该方法。

37. B

P58，P61

综合单价＝人工费＋材料费＋施工机具使用费＋管理费＋利润。人、料、机费合计＝人工挖土人、料、机费＋机械运土人、料、机费＝5200m^3×8 元/m^3＋2200 m^3×20 元/m^3＝85600 元，管理费＝85600 元×14％＝11984 元，利润＝（85600 元＋11984 元）×8％＝7806.72 元，总计费用＝85600 元＋11984 元＋7806.72 元＝105390.72 元，工程量清单综合单价＝105390.72 元/3000m^3＝35.13 元/m^3。

38. C

P71

施工本身造成的停工时间，是由于施工组织不善、材料供应不及时、工作面准备工作做得不好、工作地点组织不良等情况引起的停工时间。非施工本身造成的停工时间，是由于水源、电源中断引起的停工时间。前一种情况在拟定定额时不应该计算，后一种情况定额中则应予以合理的考虑。违背劳动纪律造成的工作时间损失，是指工人在工作班开始和午休后的迟到、午饭前和工作班结束前的早退、擅自离开工作岗位、工作时间内聊天或办私事等造成的工时损失，此项工时损失不应允许存在。因此，在定额中不能考虑。

39. B

P73

编制材料消耗定额，主要包括确定直接使用在工程上的材料净用量和在施工现场内运输及操作过程中的不可避免的废料和损耗。

40. C

P76

不可避免的无负荷工作时间，是指由施工过程的特点和机械结构的特点造成的机械无负荷工作时间。例如筑路机在工作区末端调头等，都属于此项工作时间的消耗。

41. C

P104、105

选项 A 属于组织措施，选项 B 属于技术措施，选项 D 属于合同措施。

42. A

P108

时间—成本曲线为 S 形曲线。

43. A

P105

对于一个施工项目而言，其成本计划的编制是一个不断深化的过程，在这一过程的不同阶段形成深度和作用不同的成本计划，按其作用可分为三类：（1）竞争性成本计划，即工程项目投标及签订合同阶段的估算成本计划；（2）指导性成本计划，即选派项目经理阶段的预算成本计划，是项目经理的责任成本目标；（3）实施性成本计划，即项目施工准备阶段的施工预算成本计划。

44. C

P108

在编制成本支出计划时，要在项目总的方面考虑总的预备费，也要在主要的分项工程中安排适当的不可预见费，避免在具体编制成本计划时，可能发现个别单位工程或工程量表中某项内容的工程量计算有较大出入，使原来的成本预算失实，并在项目实施过程中对其尽可能地采取一些措施。

45. D

P112

（1）“比较”是按照某种确定的方式将施工成本计划值与实际值逐项进行比较，以发现施工成本是否已超支；（2）“分析”是在比较的基础上，对比较的结果进行分析，以确定偏差的严重性及偏差产生的原因；（3）“预测”指按照完成情况估计完成项目所需的总费用；（4）“纠偏”指有针对性地采取纠偏措施；（5）“检查”指对工程的进展进行跟踪和检查，及时了解工程进展状况以及纠偏措施的执行情况和效果。

46. C

P219

施工总承包的特点包括：（1）费用控制：在通过招标选择施工总承包单位时，一般都以施工图设计为投标报价的基础，投标人的投标报价较有依据；在开工前就有较明确的合同价，有利于业主对总造价的早期控制；若在施工过程中发生设计变更，则可能发生索赔。（2）进度控制：一般要等施工图设计全部结束后，才能进行施工总承包单位的招标，开工日期较迟，建设周期势必较长，对进度控制不利。（3）质量控制：项目质量的好坏很大程度上取决于施工总承包单位的选择，取决于施工总承包单位的管理水平和技术水平。（4）合同管理：业主只需要进行一次招标，与一个施工总承包单位签约，招标及合同管理工作量大大减小，对业主有利。（5）组织与协调：业主只负责对施工总承包单位的管理及组织协调，工作量大大减小，对业主比较有利。

47. A

P237

承包人未通知监理人到场检查，私自将工程隐蔽部位覆盖的，监理人有权指示承包人钻孔探测或揭开检查，由此增加的费用和（或）工期延误由承包人承担。

48. B

P239

监理人在收到承包人提交的竣工付款申请单后的14d内完成核查，提出发包人到期应支付给承包人的价款送发包人审核并抄送承包人。发包人应在收到后14d内审核完毕，由监理人向承包人出具经发包人签认的竣工付款证书。发包人应在监理人出具竣工付款证书后的14d内，将应支付款支付给承包人。

49. A

P245

关于保险的规定：（1）劳务分包人施工开始前，工程承包人应获得发包人为施工场地内的自有人员及第三人人员生命财产办理的保险，且不需劳务分包人支付保险费用；（2）运至施工场地用于劳务施工的材料和待安装设备，由工程承包人办理或获得保险，且不需劳务分包人支付保险费用；（3）工程承包人必须为租赁或提供给劳务分包人使用的施工机械设备办理保险，并支付保险费用；（4）劳务分包人必须为从事危险作业的职工办理意外伤害保险，并为施工场地内自有人员生命财产和施工机械设备办理保险，支付保险费用；（5）保险事故发生时，劳务分包人和工程承包人有责任采取必要的措施，防止或减少损失。

50. D

P248

（1）驻厂验收是指在制造时期，由采购方派人在供应的生产厂家进行材质检验；（2）提运验收是指对加工订制、市场采购和自提自运的物资，由提货人在提取产品时检验；（3）接运验收是由接运人员对到达的物资进行检查，发现问题当场作出记录；（4）入库验收是广泛采用的正式的验收方法，由仓库管理人员负责数量和外观的检验。

51. C

P250

单价合同的特点是单价优先。当总价和单价的计算结果不一致时，以单价为准调整总价。

52. B

P191

施工现场应按工程项目大小配备专（兼）职安全人员。以建筑工程为例，可按建筑面积1万m^2以下的工地至少有一名专职人员；1万m^2以上的工地设2～3名专职人员；5万m^2以上的大型工地，按不同专业组成安全管理组进行安全监督检查。

53. A

P182

《职业健康安全管理体系》（GB/T 28000系列）标准由“方针－策划－实施与运行－检查和纠正措施－管理评审”五大要素构成，采用了PDCA动态循环、不断上升的螺旋式运行模式。

54. C

P205

(1) 特别重大事故：30 人以上死亡，或者 100 人以上重伤，或者 1 亿元以上直接经济损失的事故。(2) 重大事故：10 人以上 30 人以下死亡，或者 50 人以上 100 人以下重伤，或者 5000 万元以上 1 亿元以下直接经济损失的事故。(3) 较大事故：3 人以上 10 人以下死亡，或者 10 人以上 50 人以下重伤，或者 1000 万元以上 5000 万元以下直接经济损失的事故。(4) 一般事故，3 人以下死亡，或者 10 人以下重伤，或者 1000 万元以下直接经济损失。

55. C

P206

生产安全事故发生后，受伤者或者最先发现事故的人员应立即用最快的传递手段，将发生事故的时间、地点、伤亡人数、事故原因等情况，向施工单位负责人报告；施工单位负责人接到报告后，应当在 1h 内向事故发生地县级以上人民政府建设主管部门和有关部门报告。情况紧急时，事故现场有关人员可以直接向事故发生地县级以上人民政府建设主管部门和有关部门报告。实行施工总承包的建设工程，由总承包单位负责上报事故。

56. D

P212

施工单位应妥善处理泥浆水，未经处理不得直接排入城市排水设施和河流；除设有符合规定的装置外，不得在施工现场熔融沥青或者焚烧油毡、油漆以及其他会产生有毒有害烟尘和恶臭气体的物质；应使用密封式的圆筒或者采取其他措施处理高空废弃物；禁止将有毒有害废弃物用作土方回填。

57. D

P214

施工现场的临时食堂，用餐人数在 100 人以上的，应设置简易有效的隔油池，使产生的污水经过隔油池后再排入市政污水管网。

58. D

P217

实行施工平行承发包的特点如下：(1) 费用控制：对每一部分工程施工任务的发包，都以施工图设计为基础，投标人进行投标报价较有依据，工程的不确定性程度降低，对合同双方的风险也相对降低；每一部分工程的施工，发包人都可以通过招标选择最好的施工单位承包，对降低工程造价有利；对于业主，要等最后一份合同签订后才知道整个工程的总造价，对投资的早期控制不利。(2) 进度控制：某一部分施工图完成后，即可开始这部分工程的招标，开工日期提前，可以边设计边施工，缩短建设周期；由于要进行多次招标，业主用于招标的时间较多；工程总进度计划和控制由业主负责，由不同单位承包的各部分工程之间的进度计划及其实施的协调由业主负责。(3) 质量控制：对某些工作而言，符合质量控制上的“他人控制”原则，不同分包单位之间能够形成一定的控制和制约机制，对业主的质量控制有利；合同交互界面比较多，应非常重视各合同之间界面的定义，否则对项目的质量控制不利。（4）合同管理：业主要负责所有施工承包合同的招标、合同谈判、签约，招标工作量大，对业主不利；业主在每个合同中都会有相应的责任和义务，签订的合同越多，业主的责任和义务就越多；业主要负责对多个施工承包合同的跟踪管理，合同管理工作量较大。（5）业主直接控制所有工程的发包，可决定所有工程的承包商的选择；业主要负责所有承包商的组织与协调，工作量大，对业主不利；业主方可能需要配备较多的人力和精力进行管理，管理成本高。

59. D

P170

根据工程质量事故造成的人员伤亡或直接经济损失，工程质量事故分为 4 个等级：（1）特别重大事故，是指造成 30 人以上死亡，或者 100 人以上重伤，或者 1 亿元以上直接经济损失的事故；（2）重大事故，是指造成 10 人以上 30 人以下死亡，或者 50 以上 100 人以下重伤，或者 5000 万元以上 1 亿以下直接经济损失的事故；（3）较大事故，是指造成 3 人以上 10 人以下死亡，或者 10 人以上 50 人以下重伤，或者 1000 万元以上 5000 万元以下直接经济损失的事故；（4）一般事故，是指造成 3 人以下死亡，或者 10 人以下重伤，或者 100 万元以上 1000 万元以下直接经济损失的事故。

60. D

P176

某些工程质量问题虽然达不到规定的要求或标准，但其情况不严重，对工程或结构的使用及安全影响很小，经过分析、论证、法定检测单位鉴定和设计单位等认可后可不专门处理。一般可不作专门处理的情况有以下几种：（1）不影响结构安全、生产工艺和使用要求的；（2）后道工序可以弥补的质量缺陷；（3）法定检测单位鉴定合格的；（4）出现的质量缺陷，经检测鉴定达不到设计要求，但经原设计单位核算，仍能满足结构安全和使用功能的。

61. C

P174

施工质量处理的一般程序为：（1）事故调查；（2）事故的原因分析；（3）制订事故处理的方案；（4）事故处理；（5）事故处理的鉴定验收。

62. A

P179

建设工程质量监督档案按单位工程建立。要求归档及时，资料记录等各类文件齐全，经监督机构负责人签字后归档，按规定年限保存。

63. D

P192

针对班组长和安全员的安全教育，主要内容包括：安全生产法律、法规、安全技术及技能、职业病和安全文化的知识；本企业、本班组和工作岗位的危险因素、安全注意事项；本岗位安全生产职责；事故抢救与应急处理措施；典型事故案例等。

64. D

P194

安全宣传教育措施是为了宣传普及有关安全生产法律、法规、基本知识所需要的措施，其主要内容包括：安全生产教材、图书、资料，安全生产展览，安全生产规章制度，安全操作方法训练设施，劳动保护和安全技术的研究与实验等。

65. B

P201

人、机、料、法、环境五者任一环节产生安全隐患，都要从五者安全匹配的角度考虑，调整匹配的方法，提高匹配的可靠性。一件单项隐患问题的整改需综合处理。

66. C

P210

按照文明工地标准，严格按照相关文件规定的尺寸和规格制作各类工程标志牌。“五牌一图”，即工程概况牌、管理人员名单及监督电话牌、消防保卫（防火责任）牌、安全生产牌、文明施工牌和施工现场平面图。

67. B

P262

索赔事件具有连续影响的，承包人应按合理时间间隔继续递交延续索赔通知，说明连续影响的实际情况和记录，列出累计的追加付款金额和（或）工期延长天数；在索赔事件影响结束后的 28d 内，承包人应向监理人递交最终索赔通知书，说明最终要求索赔的追加付款金额和延长的工期，并附必要的记录和证明材料。

68. C

P267

项目管理信息包括：项目管理规划（大纲）信息，项目管理实施规划信息，项目进度控制信息，项目质量控制信息，项目安全控制信息，项目成本控制信息，项目现场管理信息，项目合同管理信息，项目材料管理信息、构配件管理信息，工、器具管理信息，项目人力资源管理信息，项目机械设备管理信息，项目资金管理信息，项目技术管理信息，项目组织协调信息，项目竣工验收信息，项目考核评价信息等。

69. B

P276

工程质量控制资料是建设工程施工全过程全面反映工程质量控制和保证的依据性证明资料。应包括原材料、构配件、器具及设备等的质量证明、合格证明、进场材料试验报告，施工试验记录，隐蔽工程检查记录等。

70. B

P273

建设工程实行施工总承包的，由施工总承包单位负责收集、汇总各分包单位形成的工程档案，各分包单位应将本单位形成的工程文件整理、立卷后及时移交给总承包单位。建设工程项目由几个单位承包的，各承包单位负责收集、整理、立卷其承包项目的工程文件，并应当及时向建设单位移交，各承包单位应保证归档文件的完整、准确、系统，能够全面反映工程建设活动的全过程。

71. CDE

P1

建设工程项目管理的内涵是：自项目开始至项目完成，通过项目策划和项目控制，以使项目的费用目标、进度目标和质量目标得以实现。“自项目开始至项目完成”指的是项目的实施期；“项目策划”指的是目标控制前的一系列筹划和准备工作；“费用目标”对业主而言是投资目标，对施工方而言是成本目标。项目决策期管理工作的主要任务是确定项目的定义，而项目实施期管理的主要任务是通过管理使项目的目标得以实现。

72. ABCE

P163

工序施工质量控制主要包括工序施工条件质量控制和工序施工效果质量控制。选项A属于工序施工条件质量控制，选项B、C、E属于工序施工效果质量控制；选项D属于施工过程质量控制中的测量控制。

73. AD

P175

选项C、E的质量问题可不作处理，选项B的质量问题需返工处理。

74. AC

P177

按国务院《建设工程质量管理条例》及住房和城乡建设部有关规范性文件规定，建设工程质量监督机构具有以下执法权限：（1）接受政府委托，对建设工程质量进行监督，有权对建设工程参与各方行为进行检查；（2）有权对工程质量检查情况进行通报，有权对差劣工程采取开具质量整改单及局部停工通知单等行政措施；（3）接受政府委托，有权对建设参与各方的违法行为进行行政处罚；（4）收取建设工程质量监督费，用于建设工程质量监督建设。

75. BCD

P191

安全生产责任制纵向方面是各级人员的安全生产责任制，即从最高管理者、管理者代表到项目负责人（项目经理）、技术负责人（工程师）、专职安全生产管理人员、施工员、班组长和岗位人员等各级人员的安全生产责任制；横向方面是各个部门的安全生产责任制，即各职能部门的安全生产责任制。

76. ACDE

P202

专项应急预案是综合应急预案的组成部分。故选项B错误。

77. BD

P124

由不同功能的计划构成的进度计划系统包括：（1）控制性进度规划（计划）；（2）指

导性进度规划（计划）；（3）实施性（操作性）进度计划等。选项A、E属于由不同项目参与方的计划构成的进度计划系统。选项C属于由不同周期的计划构成的进度计划系统。

78. AD

P131

双代号网络图中，紧排在本工作之前的工作称为紧前工作，紧排在本工作之后的工作称为紧后工作，与之平行的工作称为平行工作。从图中可以看到，F的紧前工作有C、D；C的紧后工作有E、F；B的紧后工作为G，D的紧后工作为F。

79. BDE

P135

总时差＝最迟开始时间－最早开始时间。工作2～4的总时差＝13－11＝2。总时差为0的工作为关键工作，工作3～7的总时差＝25－23＝2，所以工作3～7为非关键工作。自由时差＝紧后工作的最早开始时间－本工作的最早完成时间，本工作的最早完成时间＝本工作的最早开始时间＋本工作的持续时间，则工作8～9的自由时差＝30－(23＋7)＝0，工作4～8的自由时差＝23－(11＋4)＝8，工作2～3的自由时差＝13－(5＋8)＝0。

80. ABE

P152

工程项目的施工质量保证体系的主要内容包括：（1）项目施工质量目标；（2）项目施工质量计划，包括施工质量工作计划和施工质量成本计划；（3）思想保证体系；（4）组织保证体系；（5）工作保证体系。

81. ABD

P157

现场质量检查的内容包括：（1）开工前的检查，主要检查是否具备开工条件，开工后是否能够保持连续正常施工，能否保证工程质量；（2）工序交接检查，对于重要的工序或对工程质量有重大影响的工序，应严格执行“三检”制度；（3）隐蔽工程的检查，施工中凡是隐蔽工程必须检查认证后方可进行隐蔽掩盖；（4）停工后复工的检查，因客观因素停工或处理质量事故等停工复工时，经检查认可后方能复工；（5）分项、分部工程完工后的检查，应经检查认可，并签署验收记录后，才能进行下一工程项目的施工；（6）成品保护的检查，检查成品有无保护措施以及保护措施是否有效可靠。

82. ABC

P46

根据建标［2013］44号：住房和城乡建设部、财政部关于印发《建筑安装工程费用项目组成》的通知的规定，建筑安装工程费按照费用构成要素划分，由人工费、材料（包含工程设备，下同）费、施工机具使用费、企业管理费、利润、规费和税金组成。其中人工费、材料费、施工机具使用费、企业管理费和利润包含在分部分项工程费、措施项目费、其他项目费用。

83. DE

P68

施工定额由人工定额、材料消耗定额和机械台班使用定额所组成，故选项A错误。施工定额是施工企业组织生产和加强管理在企业内部使用的一种定额，属于企业定额的性质，故选项B错误。施工定额直接应用与施工项目的施工管理，用来编制施工作业计划、签发施工任务单、签发限额领料单，以及结算计件工资或计量奖励工资等；预算定额是编制施工图预算的主要依据，故选项C错误。

84. BCDE

P106

施工成本计划的编制依据包括：（1）投标报价文件；（2）企业定额、施工预算；（3）施工组织设计或施工方案；（4）人工、材料、机械台班的市场价；（5）企业颁布的材料指导价、企业内部机械台班价格、劳动力内部挂牌价格；（6）周转设备内部租赁价格、摊销损耗标准；（7）已签订的工程合同、分包合同（或估价书）；（8）结构件外加工计划和合同；（9）有关财务成本核算制度和财务历史资料；（10）施工成本预测资料；（11）拟采取的降低施工成本的措施；（12）其他相关资料。

85. ABE

P114

施工机械使用费主要由台班数量和台班单价两方面决定，为有效控制施工机械使用费支出，主要从以下几个方面进行控制：（1）合理安排施工生产，加强设备租赁计划管理，减少因安排不当引起的设备闲置；（2）加强机械设备的调度工作，尽量避免窝工，提高现场设备利用率；（3）加强现场设备的维修保养，避免因不正当使用造成机械设备的停置；（4）做好机上人员与辅助生产人员的协调与配合，提高施工机械台班产量。

86. ACD

P87

工程变更引起施工方案改变，并使措施项目发生变化的，承包人提出调整措施项目费的，应事先将拟实施的方案提交发包人确认，并详细说明与原方案措施项目相比的变化情况。拟实施的方案经发承包商双方确认后执行，并应按照下列规定调整措施项目费：（1）安全文明施工费按照实际发生变化的措施项目调整，不得浮动。（2）采用单价计算的措施项目费，按照实际发生变化的措施项目按已标价工程量清单项目的规定确定单价。（3）按总价（或系数）计算的措施项目费，按照实际发生变化的措施项目调整，但应考虑承包人报价浮动因素。如果承包人未事先将拟实施的方案提交给发包人确认，则视为工程变更不引起措施项目费的调整或承包人放弃调整措施项目费的权利。

87. BE

P219

一般情况下，施工总承包管理单位不参与具体工程的施工，当其想要承担部分具体工程的施工时，可以参加这一部分工程的投标，通过竞争取得任务。

施工总承包管理模式与施工总承包模式不同，其差异主要表现在以下几个方面：（1）工作开展程序不同；（2）合同关系不同；（3）对分包单位的选择和认可不同，施工总承包模式中，如果业主同意将某几个部分的工程进行分包，施工分包单位往往由施工总承包单位选择，由业主认可；而施工总承包管理模式中，所有分包单位的选择都是由业主决策的；（4）对分包单位的付款不同，对各个分包单位的各种款项可以通过施工总承包管理单位支付，也可以由业主直接支付；（5）施工总承包管理的合同价格不同。

二者也存在一些相同的方面，比如承担的责任和义务，以及对分包单位的管理和协调。二者都要承担相同的管理责任，对施工管理目标负责，负责对现场施工的总体管理和协调，负责向分包人提供相应的服务。

88. ABCE

P11

项目结构分解并没有统一的模式，对于群体工程的项目结构分解，应结合项目的特点并参考以下原则：（1）考虑项目进展的总体部署；（2）考虑项目的组成；（3）有利于项目实施任务（设计、施工和物资采购）的发包和有利于项目实施任务的进行，并结合合同结构；（4）有利于项目目标的控制；（5）结合项目管理的组织结构等。

89. BCDE

P30

施工成本的计划值和实际值的比较包括：（1）工程合同价与投标价中的相应成本项的比较；（2）工程合同价与施工成本规划中的相应成本项的比较；（3）施工成本规划与实际施工成本中的相应成本项的比较；（4）工程合同价与实际施工成本中的相应成本项的比较；（5）工程合同价与工程款支付中的相应成本项的比较等。

90. BE

P37

若某事件经过风险评估，它处于风险区A，则应采取措施，降低其概率，以使它移位至风险区B；或采取措施降低其损失量，以使它移位至风险区C。风险区B和C的事件则应采取措施，使其移位至风险区D。

91. BDE

P49

见图2Z102011，选项A属于措施费，选项C属于企业管理费。

92. ACD

P207

事故调查报告的内容包括：（1）事故发生单位概况；（2）事故发生经过和事故救援情况；（3）事故造成的人员伤亡和直接经济损失；（4）事故发生的原因和事故性质；（5）事故责任的认定和对事故责任者的处理建议；（6）事故防范和整改措施。事故调查报告应当附具有关证据材料，事故调查组成员应当在事故调查报告上签名。

93. ABD

P219

施工总承包的特点：① 费用控制：一般以施工图设计为投标报价的基础，投标人的投标报价较有依据；在开工前就有较明确的合同价，有利于业主对总造价的早期控制；若在施工过程中发生设计变更，则可能发生索赔。② 进度控制：一般要等施工图设计全部结束后，才能进行施工总承包单位的招标，开工日期较迟，建设周期势必较长，对进度控制不利。这是施工总承包模式的最大缺点，限制了其在建设周期紧迫的建设工程项目中的应用。③ 质量控制：建设工程项目质量的好坏在很大程度上取决于施工总承包单位的管理水平和技术水平。④ 合同管理：业主只需要进行一次招标，与一个施工总承包商签约，招标及合同管理工作量大大减小，对业主有利。⑤ 组织与协调：业主只负责对施工总承包单位的管理及组织协调，工作量大大减小，对业主比较有利。总之，与平行承发包模式相比，采用施工总承包模式，业主的合同管理工作量大大减小了，组织和协调工作量也大大减小，协调比较容易。但建设周期可能比较长，对进度控制不利。

94. BD

P244

选项 A、C、E 属于承包人的义务。

95. BCD

P251

采用固定总价合同，承包商的风险主要有两个方面：一是价格风险，二是工作量风险。价格风险有报价计算错误、漏报项目、物价和人工费上涨等；工作量风险有工程量计算错误、工程范围不确定、工程变更或者由于设计深度不够所造成的误差等。

模拟题二

一、单项选择题（共70题，每题1分。每题的备选项中，只有1个最符合题意）

1. 项目管理班子中各单位、各工作部门和各工作人员之间的组织关系，可以通过组织工具（　　）反映。

A. 管理职能分工表　　B. 组织结构图

C. 工作任务分工表　　D. 工作流程图

2. 某工程项目施工采用施工总承包模式，其中给排水安装工程由业主指定的分包单位采购和安装，则在施工中分包单位必须接受（　　）工作指令，服从其总体项目管理。

A. 业主　　B. 设计方

C. 施工总承包方　　D. 项目监理方

3. 某酒店建设工程将设计工作分包给一家设计单位，下列不属于该设计单位的项目管理目标的是（　　）。

A. 项目投资目标　　B. 设计进度目标

C. 施工质量目标　　D. 设计成本目标

4. 下列说法属于矩阵组织结构模式的特点的是（　　）。

A. 组织内每个工作部门可能有多个矛盾的指令源

B. 组织内每个工作部门有横向和纵向两个指令源

C. 指令路径长

D. 组织内每个工作部门只接受一个上级的直接领导

5. 下列关于建设工程项目管理工作任务分工表的说法，正确的是（　　）。

A. 工作任务分工表中的工作任务确定后不再改变

B. 一个工程项目只需编制一张工作任务分工表即可

C. 工作任务分工表能够反映组织系统的动态关系

D. 工作任务分工表属于项目的组织设计文件之一

6. 按项目管理学的基本理论，项目管理的核心任务是项目的（　　）。

A. 组织管理　　B. 风险管理　　C. 目标控制　　D. 质量控制

7. 能够用图的形式反映一个组织系统中各项工作之间逻辑关系的组织工具是（　　）。

A. 项目结构图　　B. 工作流程图

C. 工作任务分工表　　D. 组织结构图

8. 某施工企业在编制施工组织总设计时，已完成的工作有：收集和熟悉有关资料和图纸、调查项目特点和施工条件、计算主要工种的工程量、确定施工的总体部署和施工方案，并编制了施工总进度计划，则紧接着应该进行的工作是（ ）。

A. 计算主要技术经济指标　　B. 编制施工准备工作计划

C. 编制资源需求量计划　　D. 施工总平面图设计

9. 进行项目目标控制过程中，属于主动控制的工作是（ ）。

A. 事前分析可能导致目标偏离的各种影响因素

B. 进行目标的实际值与计划值的比较

C. 分析目标的实际值与计划值之间存在偏差的原因

D. 目标出现偏离时采取纠偏措施

10. 运用动态控制原理控制施工质量，要在施工活动开展前，对质量目标进行分解。质量目标不仅包括各分部分项工程的施工，还包括（ ）。

A. 设计文件的质量　　B. 项目回访保修的质量

C. 建设单位的决策质量　　D. 建筑材料和有关设备的质量

11. 按照《建设工程项目管理规范》（GB/T 50326—2006），下列区域中风险等级最高的是（ ）。

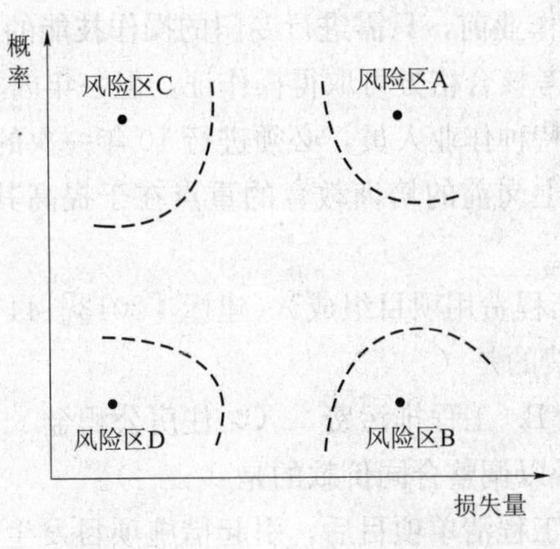

A. 风险区 A　　B. 风险区 B　　C. 风险区 C　　D. 风险区 D

12. 建设工程施工过程，可能会出现暴雨、洪水，致使施工进度延误、成本增加，这种风险属于（ ）。

A. 经济与管理风险　　B. 组织风险

C. 工程环境风险　　D. 技术风险

13. 下列为防范脚手架搭设与拆卸过程中的倒塌风险而采取的措施中，属于风险转移对策的是（ ）。

A. 投保建筑工程一切险　　B. 编制脚手架搭设施工方案

C. 进行专题安全教育　　D. 设置施工人员防护措施

14. 建设工程监理在组织上不属于承包商、供货商的任一方，在经济上也不依附于承包商、供货商的任一方，这体现了工程监理工作性质的（ ）特点。

A. 服务性　　B. 科学性　　C. 独立性　　D. 公正性

15. 根据《建设工程监理规范》（GB 50319—2000），建设工程在进行钢结构安装工程时，施工企业应在进行施工前（　　）h，书面通知项目监理机构安排旁站监理。

A. 12　　B. 24　　C. 36　　D. 48

16. 根据《建筑安装工程费用项目组成》（建标［2013］44 号）施工中建筑材料在运输装卸过程中不可避免的损耗应计入建筑安装工程（　　）。

A. 材料费　　B. 规费　　C. 措施费　　D. 企业管理费

17. 建筑施工企业项目经理是受（　　）委托全面负责工程项目施工全过程的项目管理者。

A. 董事会　　B. 总工程师　　C. 法定代表人　　D. 股东代表大会

18. 下列关于工程合同类型与工程量清单的说法，正确的是（　　）。

A. 使用工程量清单计价的工程，必须采用单价合同

B. 采用单价合同形式时，工程量清单中的工程量具备合同约束力

C. 采用总价合同形式时，工程量清单中的工程量具备合同约束力

D. 采用成本加酬金合同形式时，工程量清单中的工程量具备合同约束力

19. 下列关于特种作业人员安全教育的说法，正确的是（　　）。

A. 特种人员上岗作业前，只需进行专门的操作技能的培训教育

B. 特种作业人员考核合格方可取得操作证，但一年内不允许独立作业

C. 取得操作证的特种作业人员，必须进行 10 年一次的复审

D. 特种作业人员上岗前的培训教育的重点在于提高其安全操作技术和预防事故的实际能力

20. 根据《建筑安装工程费用项目组成》（建标［2013］44 号），施工企业发生的下列费用中，应计入企业管理费的是（　　）。

A. 差旅交通费　　B. 工程排污费　　C. 住房公积金　　D. 失业保险费

21. 下列情况中，应予以调整合同价款的是（　　）。

A. 新增分部分项工程清单项目后，引起措施项目发生变化，但承包人在 14 天内未提交合同价款调增报告

B. 因承包人原因导致工期延误，原定竣工时间之后发生国家政策变化引起工程造价增加

C. 因承包人原因导致工期延误，原定竣工时间之后发生国家政策变化引起工程造价减少

D. 因承包人原因造成窝工而引起工程成本增加

22. 能够反映施工企业生产与组织的技术水平和管理水平，直接应用于项目施工管理的定额是（　　）。

A. 概算指标　　B. 概算定额　　C. 预算定额　　D. 施工定额

23. 已知某施工工序在合理条件下，工人在单位工日中所完成的合格产品数量为 $4.56m^3$，则该工序的人工时间定额为（　　）。

A. 0.22 工日　　B. 0.22 工日/m^3

C. 4.56 工日/m^3　　D. 1.76m^3

24. 编制施工机械合班使用定额时，把灰浆泵由一个工作地点转移到另一个工作地点时的工作中断，属于施工机械工作时间中的（　）。

A. 施工本身造成的停工时间　　B. 不可避免中断时间

C. 低负荷下的工作时间　　D. 不可避免的无负荷工作时间

25. 某施工企业经过投标获得了某工程的施工任务，合同签订后，公司有关部门开始选派项目经理并编制成本计划。该阶段所编制的成本计划属于（　）。

A. 竞争性成本计划　　B. 指导性成本计划

C. 实施性成本计划　　D. 战略性成本计划

26. 以施工成本降低额和施工成本降低率为主要指标，且为下一个施工项目成本预测和决策提供基础资料的文件是（　）。

A. 施工成本分析报告　　B. 施工成本计划

C. 施工成本考核资料　　D. 施工成本预测报告

27. 按照项目组成编制施工成本计划，宜将项目按（　）的顺序依次进行分解后，再具体地分配成本，编制成本支出计划。

A. 单项工程—单位工程—分部工程—分项工程

B. 单项工程—分部工程—单位工程—分项工程

C. 单位工程—单项工程—分部工程—分项工程

D. 单位工程—单项工程—分项工程—分部工程

28. 下列可作为施工成本控制依据的是（　）。

A. 工程变更文件　　B. 进度报告

C. 施工组织设计　　D. 施工承包合同

29. 项目经理在施工成本控制中，按照当前完成情况对完成该项目所需的总费用进行了估计，这属于施工成本控制的（　）步骤。

A. 分析　　B. 比较　　C. 预测　　D. 检查

30. 某工程项目有4800m^3的土方开挖施工任务，交由某分包商承担，计划在6个月内完成，预算单价为580元/m^3。开工后发现实际单价为600元/m^3。工程进行了3个月，累计完成工程量3000m^3。运用赢得值法分析，至第3个月底的进度偏差为（　）万元。

A. －34.8　　B. －6　　C. 6　　D. 34.8

31. 某工程根据清单规则计算的挖方量为2500m^3，根据地质资料和施工方案计算需人工挖土方量为5000m^3，人工挖土单价为8.4元/m^3，机械运土方量为2000m^3，机具费单价为20元/m^3，管理费取人、料、机费的14%，利润取人、料、机与管理费之和的8%。根据建筑工程量清单计算规则计算该土方工程的综合单价为（　）元/m^3。

A. 20.19　　B. 32.80　　C. 40.38　　D. 45.36

32. 某工程施工现场使用自有施工机械一台，台班单价为800元/台班，折旧费为300元/台班。由于监理工程师增加工作内容，该机械增加使用2天，则施工企业可索赔（　）元。

A. 0　　　B. 600　　　C. 1600　　　D. 2200

33. 某建设工程项目采用项目总承包模式，则该项目的总进度目标由（　）控制。

A. 业主方　　　B. 总承包方　　　C. 设计方　　　D. 监理方

34. 下列关于建设工程项目施工进度计划和施工企业编制的施工生产进度计划的说法，正确的是（　）。

A. 项目施工进度计划的编制主要依据业主要求和合同规定

B. 施工企业编制的施工生产进度计划是针对一个具体工程项目编制的

C. 项目施工进度计划应符合施工企业施工生产计划的总体安排

D. 施工企业编制的施工生产进度计划应包括整个项目施工总进度计划

35. 控制性施工进度计划的内容不包括（　）。

A. 对承包合同规定的施工进度目标进行再论证

B. 分解进度目标

C. 划分各作业班组进度控制的责任

D. 确定控制节点的进度目标

36. 工程项目的旬施工作业计划属于（　）进度计划。

A. 控制性　　　B. 指导性　　　C. 实施性　　　D. 竞争性

37. 下列关于横道图进度计划特点的说法，正确的是（　）。

A. 能够清楚地反映工序之间的逻辑关系

B. 适用于手工编制进度计划

C. 适用于大的进度计划系统

D. 能够直观确定计划的关键工作、关键线路与时差

38. 在某工程网络计划中，已知工作A没有自由时差，但总时差为5d，检查实际进度时发现该工作的持续时间拖延了4d，说明此时工作A的实际进度（　）。

A. 既不用影响工期，也不影响其后续工作的正常进行

B. 不影响总工期，但将其紧后工作的最早开始时间推迟4d

C. 使总工期延长4d，但不影响其后续工作的正常进行

D. 将其后续工作的开始时间推迟4d，并使总工期延长1d

39. 施工方应根据（　）编制施工进度计划，对施工进度进行控制。

A. 施工劳动力需求计划　　　B. 施工物资需要计划

C. 施工任务委托合同　　　D. 项目监理规划

40. 根据GB/T 19000—2000质量管理体系标准，在质量管理体系中通过质量策划和（　）等手段实施和实现全部质量管理职能的所有活动。

A. 质量控制、质量检查、质量改进

B. 质量控制、质量保证、质量改进

C. 质量检查、质量监督、质量审核

D. 质量检查、质量审核、质量改进

41. 项目施工方编制施工质量计划的依据是企业质量手册和（　）。

A. 项目质量目标　　　　　　　　　B. 施工质量成本计划

C. 项目施工质量控制方法　　　　　D. 项目施工质量记录

42. 下列质量管理体系系列文件中，能够客观反映产品质量水平和质量体系中各项质量活动进行及结果的文件的是（　　）。

A. 程序文件　　B. 质量计划　　C. 质量记录　　D. 质量方针

43. 在施工现场使用托线板以及线锤吊线检查砌体垂直度，属于现场质量检查方法中的（　　）。

A. 目测法　　B. 实测法　　C. 试验法　　D. 分析法

44. 对于特殊施工过程的质量控制，应严格按照三级检查制度进行检查控制。在施工中发现质量控制点异常时，正确的处理方式是（　　）。

A. 继续施工的同时上报上级主管部门，分析原因并解决

B. 立即停止施工，召开分析会，查找原因采取对策

C. 组织专家对施工过程进行现场检测分析

D. 停止施工，并等候施工监理的指示

45. 下列关于施工项目竣工质量验收的要求的说法，正确的是（　　）。

A. 隐蔽工程在隐蔽前应由建设单位通知有关单位进行验收

B. 工程质量的验收应在施工单位自行检查评定的基础上进行

C. 检验批的质量应按主控项目、特殊项目和一般项目验收

D. 对涉及结构安全和使用功能的重要分部工程应全部检测

46. 某工程施工过程中，由于结构设计计算错误而引发质量事故，按质量事故产生的原因划分，该质量事故是由（　　）原因引发的。

A. 技术　　B. 社会　　C. 管理　　D. 经济

47. 某工厂设备基础的混凝土浇筑时掺入木质素磺酸钙减水剂，因施工管理不善，掺量多于规定 7 倍，导致混凝土坍落度大于 180mm，石子下沉，混凝土结构不均匀，浇筑后 5d 仍然不凝固硬化，28d 的混凝土实际强度不到规定强度的 32%。则适宜的处理方式是（　　）。

A. 加固处理　　B. 修补处理　　C. 返工处理　　D. 不作处理

48. 在工程项目开工前，建设工程质量监督机构在施工现场进行第一次监督检查工作的重点是（　　）。

A. 分部分项的施工方案质量

B. 施工现场机械设备的质量

C. 工程质量控制资料的完成情况

D. 参与工程建设的各方主体的质量行为

49. 在施工过程中安装防护措施，属于安全技术措施计划中的（　　）。

A. 安全技术措施　　　　　　　　B. 职业卫生措施

C. 辅助用房间及设施　　　　　　D. 安全宣传教育措施

50. 下列情况中，施工单位应当及时修订应急预案的是（　　）。

A. 项目经理更换

B. 周围环境发生变化，但并未形成重大危险源

C. 该应急预案已实施了半年

D. 生产工艺和技术发生变化

51. 检查人员发现施工单位的违章作业时，正确的做法是（　　）。

A. 做好记录，发布通知限期纠正

B. 当场指出，并限期纠正

C. 做好记录，报告上级主管部门

D. 勒令停工

52. 项目建设涉及工种多，且各工种经常需要交叉或平行作业，就要求施工方做到各专业、单位直接相互配合，体现了建设工程职业健康安全与环境管理的（　　）特点。

A. 复杂性　　B. 多边性　　C. 协调性　　D. 持续性

53. 某工程实行总承包，由（　　）对施工现场的安全生产负总责并自行完成工程主体结构的施工。

A. 政府主管部门　B. 发包人　　C. 总承包单位　　D. 监理工程师

54. 某住宅建设项目施工过程中，由于脚手架倒塌导致 12 人重伤，直接经济损失 38 万元。根据《生产安全事故报告和调查处理条例》，该事故属于（　　）。

A. 一般事故　　B. 重大事故　　C. 较大事故　　D. 特别重大事故

55. 某施工现场发生安全事故，施工单位负责人应在接到报告（　　）h 内向事故发生地有关部门报告。

A. 1　　B. 5　　C. 12　　D. 24

56. 某办公楼建设项目中，业主将打桩工程发包给甲施工单位，将主体土建工程发包给乙施工单位，将机电安装工程发包给丙施工单位，将精装修工程发包给丁施工单位。该业主采用承包模式是（　　）。

A. 施工总承包模式　　B. 施工平行承发包模式

C. 施工总承包管理模式　　D. EPC 承包模式

57. 在施工总承包管理模式下，设计、施工、供货等分包单位之间的管理与组织协调应由（　　）负责。

A. 监理工程师　　B. 业主

C. 施工总承包单位　　D. 施工总承包管理单位

58. 施工期间，承包人按照监理人的指示提供试验样品并检验合格，之后该部分出现了质量问题，则责任应由（　　）承担。

A. 发包人　　B. 承包人　　C. 监理人　　D. 检验人

59. 根据《建设工程施工专业分包合同》（GF 2003—0213），下列关于专业工程分包人的主要责任和义务的说法，正确的是（　　）。

A. 分包人应向承包人提交详细的施工组织设计

B. 与承包人产生矛盾时，分包人应直接致函发包人或工程师

C. 承包人随时可以向分包人发出工程相关指令，分包人应执行所有指令

D. 分包人应按照有关部门对施工噪声的规定办理有关手续，并承担由此发生的费用

60. 某建设项目施工合同约定，由承包人负责采购项目所需的装饰材料。现设计要求的质量标准高于国家标准与部颁标准，则在材料采购合同中，对该质量标准约定应按（　　）执行。

A. 相应的企业标准　　B. 设计要求

C. 颁布的国家标准　　D. 相应的部颁标准

61. 某施工工程发包时工程量不明确，因此采用单价合同，并根据估算的总工程量约定了一个合同总价。在实际结算时，上述合同总价与合同各项单价乘以实际完成工程量之和不一致，则应付工程款应以（　　）为准。

A. 签订的合同总价

B. 合同中各项单位乘以实际完成的工程量之和

C. 实际完成的工程量乘以重新协商的各项单价之和

D. 双方重新协商确定的单价和工程量

62. 下列施工承包合同形式中，由承包商承担全部的价格风险的是（　　）。

A. 单价合同　　B. 固定总价合同

C. 变动总价合同　　D. 成本加固定比例费用合同

63. 根据《标准施工招标文件》，承包人在进行工程变更时，必须由（　　）做出变更指示。

A. 发包人　　B. 设计人　　C. 监理人　　D. 政府建设主管部门

64. 造成承包人费用增加或工期损失的原因，按合同约定（　　），是承包人对此费用索赔成立的必要条件之一。

A. 不属于承包人的行为责任或风险责任

B. 不属于发包人的合同责任或风险责任

C. 属于承包人可预见的不利外界条件

D. 属于分包人的风险

65. 根据《标准施工招标文件》，承包人按合同约定提交的最终结清申请单中，只能够提出（　　）发生的索赔。

A. 缺陷责任期终止证书颁发前　　B. 竣工付款证书接收前

C. 工程接收证书颁发前　　D. 工程接收证书颁发后

66. 下列关于信息管理手册的说法，正确的是（　　）。

A. 项目参与各方需要共同编制一套全面的信息管理手册

B. 信息管理手册的主要任务包括绘制各项信息管理工作的工作流程图

C. 在我国，信息管理手册是信息管理的核心指导文件

D. 信息管理手册只需定义信息管理者的任务即可

67. 根据《建设工程施工劳务分包合同（示范文本）》（GF 2003—0214），全部分包工

作完成，经工程承包人认可后（　　）日内，劳务分包人向工程承包人递交完整的结算资料，按照合同约定进行劳务报酬的最终支付。

A. 7　　B. 14　　C. 28　　D. 42

68. 由于承包人原因，未能按合同进度计划完成工作，造成工期延误。对于该事件，下列说法中正确的是（　　）。

A. 承包人应采取措施加快进度，并支付逾期竣工违约金

B. 承包人应采取措施加快进度，并由发包人承担费用

C. 监理人与承包人共同协商修订合同进度计划，并由发包人承担费用

D. 承包人有权要求发包人延长工期

69. 下列有关建设工程施工风险因素，属于组织风险的是（　　）。

A. 工程所在地的水文地质条件　　B. 施工管理人员的经验和能力

C. 事故的防范措施和计划　　D. 工程施工方案的可靠性

70. 承包单位对施工合同实施偏差进行分析，其内容包括产生偏差的原因分析、合同实施偏差的责任分析及（　　）分析。

A. 不同项目合同偏差的对比　　B. 偏差的跟踪情况

C. 合同实施的趋势　　D. 业主对合同偏差的态度

二、多项选择题（共25分，每题2分，每题的备选项中，有2个或2个以上符合题意，至少有1个错项，错选，本题不得分；少选，所选的每个选项得0.5分）

71. 下列关于质量保证金的说法，正确的有（　　）。

A. 承包人未按照合同约定修复工程缺陷，发包人有权从质量保证金中扣留用于缺陷修复的支出

B. 缺陷责任期终止后的14天内，发包人应将剩余的质量保证金返还给承包人

C. 发包人应按照合同约定的比例从结算款中扣留质量保证金

D. 质量保证金退还后，承包人的质量保修义务解除

E. 承包人向发包人提交的竣工结算款支付申请中包括应扣留的质量保证金

72. 根据《建设工程量清单计价规范》（GB 50500—2013），在计算分部分项工程综合单价的（　　）等费用时，可以根据每个分项工程的具体情况采用分摊法逐项估算。

A. 税金　　B. 利润　　C. 措施费　　D. 管理费

E. 规费

73. 建设工程定额中，挖土方工程用的挡土板的消耗量指标，应该用（　　）等指标表示。

A. 一次使用量　　B. 摊销量

C. 周转使用次数　　D. 最终回收量

E. 理论净用量

74. 下列关于施工成本管理的说法，正确的有（　　）。

A. 施工成本预测是施工项目成本决策与计划的依据

B. 施工成本应该以检验批为成本核算对象

C. 施工成本控制应贯穿于项目从投标阶段开始直至竣工验收的全过程

D. 施工成本考核在施工项目完成后进行

E. 成本计划是成本决策所确定目标的具体化

75. 下列关于分部分项工程成本分析的说法，正确的有（　　）。

A. 分部分项工程成本分析是施工项目成本分析的基础

B. 成本分析的对象为已完成分部分项工程

C. 施工项目中的所有分部分项工程都要进行成本分析

D. 要进行估算成本与实际成本的比较

E. 分部分项工程成本分析的目标成本资料来自施工预算

76. 大量土石方工程施工组织设计的主要内容一般有（　　）。

A. 工程概况及施工特点分析

B. 施工方法和施工机械的选择

C. 施工总进度计划

D. 各项资源需求量计划

E. 作业区施工平面布置图设计

77. 设计方应视项目的特点和设计进度控制的需要，编制（　　）等进度计划。

A. 项目总进度计划　　B. 不同深度的设计进度计划

C. 不同功能的设计进度计划　　D. 不同计划周期的设计进度计划

E. 采购和供货进度计划

78. 下列关于双代号网络计划绘图规则的说法，正确的有（　　）。

A. 网络图中严禁出现循环回路

B. 网络图中严禁箭线交叉

C. 网络图中一个节点只有一条箭线引入和一条箭线引出

D. 网络图中不能出现没有箭头节点或没有箭尾节点的箭线

E. 网络图中只有一个起点节点和一个终点节点

79. 当关键线路的实际进度比计划进度拖后，需要压缩作业持续时间时，正确的做法是在尚未完成的关键工作中，选择（　　）的工作压缩。

A. 备用资源强充足　　B. 持续时间短

C. 费用低　　D. 对质量影响小

E. 生产效率高

80. 下列建设工程项目施工方进度控制的措施中，属于经济措施的有（　　）。

A. 编制施工进度控制的工作流程　　B. 编制资源需求计划

C. 落实经济激励措施　　D. 使用进度控制软件

E. 改变施工方法

81. 下列属于施工机械设备的有（　　）。

A. 通风空调　　B. 运输设备　　C. 施工安全设施

D. 环保设备　　E. 测量仪器

82. 按有关施工质量验收规范规定，必须进行现场质量检测，合格后方可进行下道工序的有（　　）。

A. 地基基础工程　　B. 主体结构工程

C. 土方工程　　D. 建筑幕墙工程

E. 钢结构及管道工程

83. 施工项目竣工质量验收的依据主要包括（　　）。

A. 双方签订的施工合同

B. 国家和有关部门颁发的质量标准

C. 设备技术说明书

D. 批准的施工图纸及说明书

E. 施工质量手册

84. 建设工程质量监督机构对施工质量进行监督的工作有（　　）。

A. 审查建设单位对工程质量监督的有关文件

B. 检查参建各方主体的质量行为

C. 评定工程质量等级

D. 对工程项目全过程施工的情况进行不定期检查

E. 编制单位工程质量监督报告

85. 对于防范现浇混凝土工程的施工安全隐患方法，下列做法正确的有（　　）。

A. 采用新技术、新工艺、新设备

B. 对施工机具进行有序监管

C. 投入必要的资源对施工机具进行保养维护

D. 建立施工现场的安全监督检查机制

E. 对施工人员进行安全意识的培训

86. 下列关于施工安全管理制度体系的说法，正确的有（　　）。

A. 贯彻“安全第一，预防为主”的方针

B. 适用于工程施工全过程的安全管理和控制

C. 各项目应根据企业的安全生产管理制度体系，制定一致的内容

D. 安全生产责任制是所有安全生产管理制度的核心

E. 施工安全管理制度体系促使施工企业健全安全卫生管理机制

87. 根据《建设工程施工现场管理规定》，施工单位的下列做法中，符合防止环境污染措施要求的有（　　）。

A. 将搅拌机前台的泥浆水直接排入河流

B. 施工现场位于城市郊区，在现场焚烧油毡

C. 使用密封圆筒将高空废弃物运输至地面

D. 将有毒有害废弃物作为土方回填

E. 为电锯搭设封闭式机械棚

88. 下列关于施工现场固体废弃物污染的处理方法，正确的有（　　）。

A. 施工现场使用环保型的建筑材料

B. 提高工程施工质量，减少或杜绝工程返工

C. 施工中及时回收使用落地灰

D. 施工现场设立专门的固体废弃物临时贮存场所

E. 固体废弃物的运输无需分类，但应密封、覆盖

89. 施工总承包模式的特点有（　　）。

A. 在开工前就有较明确的合同价，有利于业主对总造价的早期控制

B. 一般施工图设计全部结束后才能进行招标，对进度控制不利

C. 业主要负责所有承包单位的管理及组织协调，工作量较大

D. 业主只需进行一次招标，招标及合同管理工作量减少

E. 适用于大型项目和建设工期紧迫的项目

90. 根据《标准施工招标文件》，在合同约定的期限内承包人应报送监理人审批的工程质量保证措施文件有（　　）。

A. 施工质量手册

B. 质量检查机构的组织和岗位责任

C. 质检人员的组成

D. 设备质量合格证书

E. 质量检查程序和实施细则

91. 根据《建设工程施工劳务分包合同》（GF 2003—0214），劳务分包人的主要义务有（　　）。

A. 对劳务分包范围内的工程质量向工程承包人负责

B. 为施工场地内自有人员及第三人人员生命财产办理保险

C. 服从工程师的指令

D. 为从事危险作业的职工办理意外伤害保险

E. 接受工程承包人随时检查其设备、材料保管、使用情况

92. 下列关于单价合同的说法，正确的有（　　）。

A. 固定单价合同条件适用于工期较短、工程量变化幅度不会太大的项目

B. 单价合同允许随工程量变化而调整工程总价，业主和承包商都不存在工程量方面的风险

C. 单价合同招标前无需对工程范围做出完整、详细的规定，可以缩短招标准备时间

D. 单价合同下，由承包人提交已完成的工程量，业主工作量较小

E. 变动单价合同下，承包商的价格风险相对固定单价合同较小

93. 施工合同执行者进行合同跟踪的对象有（　　）。

A. 工程施工的质量

B. 成本的增加和减少

C. 分包人的工程和工作

D. 工程师的工程和工作

E. 业主是否及时并足额支付了应付的工程款项

94. 下列工程管理的信息资源中，属于管理类工程信息的是（　　）。

A. 项目参与方的组织信息　　B. 与投资控制有关的信息
C. 建设物资的市场信息　　D. 与质量控制有关的信息
E. 项目融资的信息

95. 下列施工文档资料中，应归档为工程质量控制资料的有（　）。
A. 图纸会审记录　　B. 施工试验记录
C. 隐蔽工程验收记录　　D. 竣工图
E. 工程质量事故报告

答案及解析

1. B

P16

项目组织结构图反映一个组织系统（如项目管理班子）中各子系统之间和各元素（如各工作部门）之间的组织关系，反映的是各工作单位、各工作部门和各工作人员之间的组织关系。

2. C

P5

施工总承包方对所承包的建设工程承担施工任务的执行和组织的总的责任，分包施工方承担合同所规定的分包施工任务，以及相应的项目管理任务。若采用施工总承包或施工总承包管理模式，分包方（不论是一般的分包方，或由业主指定的分包方）必须接受施工总承包方或施工总承包管理方的工作指令，服从其总体的项目管理。

3. C

P3

设计方的项目管理主要服务于项目的整体利益和设计方本身的利益。其项目管理的目标包括设计的成本目标、设计的进度目标和设计的质量目标，以及项目的投资目标。

4. B

P14

职能组织结构中，每一个工作部门可能得到其直接和非直接的上级工作部门下达的工作指令，它就会有多个矛盾的指令源。在线性组织结构中，每一个工作部门只能对其直接的下属部门下达工作指令，每一个工作部门只有惟一个指令源。矩阵组织结构中，每一项纵向和横向交汇的工作，指令来自于纵向和横向两个工作部门，其指令源为两个。

5. D

P18

每一个建设项目都应编制项目管理任务分工表，这是一个项目的组织设计文件的一部分。在工作任务分工表中应明确程式工作任务由哪个工作部门（或个人）负责、由哪些工作部门（或个人）配合或参与，无疑，在项目的进展过程中，应视必要性对工作任务分工表进行调整。故选项 A 错误。业主方和项目各参与方都有各自的项目管理的任务，各方都应该编制各自的项目管理任务分工表，故选项 B 错误。组织结构模式和组织分工都是一种相对静态的组织关系，故选项 C 错误。

6. C

P1

项目管理的核心任务是项目目标控制，按项目管理学的基本理论，没有明确目标的建设工程不是项目管理的对象。

7. B

P7

组织结构模式和组织分工都是一种相对静态的组织关系，工作流程组织则可反映一个组织系统中各项工作之间的逻辑关系，是一种动态关系。

8. C

P27

施工组织设计的编制通常采用的程序包括：① 收集和熟悉编制施工组织总设计所需的有关资料和图纸，进行项目特点和施工条件的调查研究；② 计算主要工种工程的工程量；③ 确定施工的总体部署；④ 拟订施工方案；⑤ 编制施工总进度计划；⑥ 编制资源需求量计划；⑦ 编制施工准备工作计划；⑧ 施工总平面图设计；⑨ 计算主要技术经济指标。施工组织设计中的工作有些顺序不可逆转：（1）拟订施工方案后才可编制施工总进度计划（因为进度的安排取决于施工的方案）；（2）编制施工总进度计划后才可编制资源需求量计划（因为资源需求量计划要反映各种资源在时间上的需求）。

9. A

P29

项目目标控制过程，为避免目标偏离的发生，应重视事前的主动控制。即事前分析可能导致项目目标偏离的各种影响因素，并针对这些影响因素采取有效的措施。选项 B、C、D 属于项目目标的过程控制过程，即动态控制。

10. D

P31

运用动态控制原理控制施工质量时，质量目标不仅是各分部分项的施工质量，它还包括材料、半成品、成品和有关设备等的质量。在施工活动开展前，首先应对质量目标进行分解，也即对上述组成工程质量的各元素的质量目标做出明确的定义，它就是质量的计划值。在施工过程中则应收集上述组成工程的各元素质量的实际值，并定期地对施工质量的计划值和实际值进行跟踪和控制。

11. A

P37

按照《建设工程项目管理规范》（GB/T 50326—2006）对风险等级的划分，风险区 A 为 5 等风险，风险区 B 为 3 等风险，风险区 C 为 3 等风险，风险区 D 为 1 等风险。

12. C

P38

工程环境风险包括：(1) 自然灾害；(2) 岩土地质条件和水文地质条件；(3) 气象条件；(4) 引起火灾和爆炸的因素等。

13. A

P39

常用的风险对策包括风险规避、减轻、自留、转移及其组合等策略。对难以控制的风险向保险公司投保是风险转移的一种措施。

14. C

P40

建设工程监理工作性质的独立性，指的是不依附性，他在组织上和经济上不能依附于监理工作对象（如承包商、材料和设备的供货商等），否则他就不可能自主履行其义务。

15. B

P45

施工企业根据监理企业制订的旁站监理方案，在需要实施旁站监理的关键部位、关键工序进行施工前 24h，应当书面通知监理企业派驻工地的项目监理机构。项目监理机构应当安排旁站监理人员按照旁站监理方案实施旁站监理。

16. A

P47

材料费是指施工过程中耗费的原材料、辅助材料、构配件、零件、半成品、工程设备的费用。包括：(1) 材料原价；(2) 运杂费，指材料、工程设备自来源地运至工地仓库或指定堆放地点所发生的全部费用；(3) 运输损耗费，指材料在运输装卸过程中不可避免的损耗；(4) 采购及保管费，指为组织采购、供应和保管材料过程中所需要的各项费用。

17. C

P32

建筑施工企业项目经理，是指受企业法定代表人委托对工程项目施工过程全面负责的项目管理者，是建筑施工企业法定代表人在工程项目上的代表人。

18. B

P77

工程量清单计价的适用性不受合同形式的影响。实践中产检的单价合同和总价合同均可采用工程量清单计价。采用单价合同形式时，工程量清单是合同文件必不可少的组成内容，其中的工程量一般具备合同约束力；对总价合同形式，工程量清单中的工程量不具备合同约束力。

19. D

P193

对特种作业人员的安全教育应注意以下三点：(1) 特种作业人员上岗作业前，必须进行专门的安全技术和操作技能的培训教育，这种培训教育要实行理论教学与操作技术训练相结合的原则，重点放在提高其安全操作技术和预防事故的实际能力上。(2) 培训后，经考核合格方可取得操作证，并准许独立作业。(3) 取得操作证特种作业人员，必须定期进行复审。特种作业操作正每 3 年复审 1 次。

20. A

P47

企业管理费指建筑安装企业组织施工生产和经营管理所需费用，包括 (1) 管理人员工资；(2) 办公费；(3) 差旅交通费；(4) 固定资产使用费；(5) 工具用具使用费；(6) 劳动保险和职工福利费；(7) 劳动保护费；(8) 检验试验费；(9) 工会经费；(10) 职工教育经费；(11) 财产保险费；(12) 财务费；(13) 税金；(14) 其他，包括技术转让费、技术开发费、投标费、业务招待费、绿化费、广告费、公证费、法律顾问费、审计费、咨询费、保险费等。选项 B、C、D 应计入规费。

21. C

P80

出现合同调整价调增事项后的 14 天内，若承包人未提交合同价款调增报告的，视为承包人对该事项不存在调整价款请求。

P81

因承包人原因导致工期延误，且引起工程造价增减变化的国家的法律、法规、规章、政策的调整时间在合同工程原定竣工时间之后，合同价款调增的不予调整，合同价款调减的予以调整。

22. D

P68

施工定额是以同一性质的施工过程——工序，作为研究对象，表示生产产品数量与时间消耗综合关系编制的定额。施工定额是施工企业（建筑安装企业）组织生产和在企业内部使用的一种定额，属于企业定额的性质。施工定额直接应用于施工项目的施工管理，用来编制施工作业计划签发施工任务单、签发限额领料单，以及结算计件工资或计量奖励工资等。施工定额和施工生产结合紧密，施工定额的定额水平反映施工企业生产与组织的技术水平和管理水平。

23. A

P72

产量定额，就是在合理的劳动组织和合理使用材料的条件下，某种专业、某种技术等级的工人班组或个人在单位工日中所应完成的合格产品的数量。题目中的 $4.56m^3$ 即产量定额。时间定额是某种专业、某种技术等级工作班或个人，在合理的劳动组织和合理使用材料的条件下，完成单位合格产品所必需的工作时间。包括准备与结束时间、基本工作时间，辅助工作时间、不可避免的中断时间及工作必需的休息时间。时间定额（工日）＝1/每日产量，则时间定额＝1/产量定额＝0.22 工日。

24. B

P74

施工机械时间定额，是指在合理劳动组织与合理使用机械条件下，完成单位合格产品所改天的工作时间，包括有效工作时间（正常负荷下的工作时间和降低负荷下的工作时间)、不可避免的中断时间，不可避免的无负荷工作时间。

25. B

P105

指导性成本计划即选派项目经理阶段的预算成本计划，是项目经理的责任成本目标。它是以合同标书为依据，按照企业的预算定额标准制定的设计预算成本计划，且一般情况下只是确定责任总成本指标。

26. C

P104

施工成本管理的每一个环节都是相互联系和相互作用的，成本预测是成本决策的前提，成本计划是成本决策所确定目标的具体化。成本计划控制则是对成本计划的实施进行控制和监督，保证决策的成本目标的实现，而成本核算又是对成本计划是否实现的最后检验，它所提供的成本信息又对下一个施工项目成本预测和决策提供基础资料。成本考核是实现成本目标责任制的保证和实现决策目标的重要手段。

27. A

P107

大中型工程项目通常是由若干单项工程构成的，而每个单项工作包括多个单位工程，每个单位工程又是由若干个分项工程所构成。因此，首先要把项目总施工基本到单项工程和单位工程中，再进一步分解为分部工程和分项工程。

28. D

P111

施工成本控制要以工程承包合同为依据，围绕降低工程成本这个目标，从预算收入和实际成本两方面，努力挖掘增收节支潜力，以求获得最大的经济效益。

29. C

P112

在确定了施工成本计划之后，必须定期地进行施工成本计划值与实际值的比较，当实际值偏离计划值时，分析产生偏差的原因，采取适当的纠偏措施，以确保施工成本控制目标的实现。其步骤是：(1) 比较，按照某种确定的方式将施工成本计划值与实际值逐项进行比较，以发现施工成本是否已超支；(2) 分析，对比较结果进行分析，以确定偏差的严重性及偏差产生的原因；(3) 预测，按照完成情况估计完成项目所需的总费用；(4) 纠偏，当工程项目的实际施工成本出现了偏差，应当根据工程的具体情况、偏差分析和预测的结果，采取适当的措施，以期达到使施工成本偏差尽可能小的目的；(5) 检查，对工程的进展进行跟踪和检查，及时了解工程进展状况以及纠偏措施的执行情况和效果。

30. D

P115

进度偏差（SV）＝已完成工作预算费用（BCWP）－计划工作预算费用（BCWS）＝

580×3000－580×2400＝34.8（万元）。当进度偏差为负值时，表示进度延误，即实际进度落后于计划进度；当进度偏差为正值时，表示进度提前，即实际进度快于计划进度。

31. C

P58，P61

综合单价＝人工费＋材料费＋施工机具使用费＋管理费＋利润。人、料、机费合计＝人工挖土人、料、机费＋机械运土人、料、机费＝5000m^3×8.4元/m^3＋2000 m^3×20元/m^3＝82000元，管理费＝82000元×14%＝11480元，利润＝（82000元＋11480元）×8%＝7478.4元，总计费用＝82000元＋11480元＋7478.4元＝100958.4元，工程量清单综合单价＝100958.4元/2500m^3＝40.38元/m^3。

32. C

P88

设备费的索赔可采用机械台班费、机械折旧费、设备租赁费等几种形式。当工作内容增加引起的设备费索赔时，设备费的标准按照机械台班费计算。因窝工引起的设备费索赔，当施工机械属于施工企业自有时，按照机械折旧计算索赔费用；当施工机械是施工企业从外部租赁时，索赔费用的标准按照设备租赁费计算。

33. A

P122

建设工程项目的总进度目标指的是整个项目的进度目标，它是在项目决策阶段项目定义时确定的，项目管理的主要任务是在项目的实施阶段对项目目标进行控制。建设工程项目总目标的控制是业主方项目管理的任务（若采用建设项目总承包的，协助业主进行项目总进度目标的控制也是建设项目总承包方项目管理的任务）。

34. C

P125

施工方所编制的与施工进度有关的计划包括施工企业的施工生产计划和建设工程项目施工进度计划。(1) 施工企业的施工生产计划，属企业计划的范畴，包括企业年度生产计划、季度生产计划、月度生产计划和旬生产计划等；(2) 建设工程项目施工进度计划，属工程项目管理的范畴，它以每个建设工程项目的施工为系统，依据企业的施工生产计划的总体安排和发行施工合同的要求，以及施工的条件和资源利用的可能性，合理安排一个项目施工的进度。包括施工总进度计划、子项目施工进度计划、单体工程施工进度计划、项目施工的年度施工计划等。

35. C

P127

控制性施工进度计划编制的主要目的是通过计划的编制，以对施工承包合同所规定的施工进度目标进行再论证，并对进度目标进行分解，确定施工的总体部署，并确定为实现目标的里程碑事件的进度目标（或称其为控制节点的进度目标），作为进度控制的依据。

36. C

P128

项目施工的月度施工计划和旬施工作业计划是用于直接组织施工作业的计划，它是实施性施工进度计划。旬施工作业计划是月度施工计划在一个旬中的具体安排。实施性施工进度计划的编制应结合工程施工的具体条件，并以控制性施工进度计划所确定的里程碑事件的进度目标为依据。

37. B

P129

横道图进度计划法表达方式较直观，易看懂计划编制的意图。其缺点包括：（1）工序（工作）之间的逻辑关系可以设法表达，但不易表达清楚；（2）适用于手工编制计划；（3）没有通过严谨的进度计划时间参数计算，不能确定计划的关键工作、关键路线与时差；（4）计划调整只能用手工方式进行，其工作量较大；（5）难以适应大的进度计划系统。

38. B

P134

总时差指不影响总工期的前提下，工作可以利用的机动时间。自由时差指在不影响其紧后工作最早开始的前提下，该工作可以利用的机动时间。工作A没有自由时差，则其拖延会影响其紧后工作的最早开始时间；而拖延的时间小于总时差，则对总工期无影响。

39. C

P125

施工方进度控制的任务是依据施工任务委托合同对施工进度的要求控制施工工作。施工方进度控制的主要工作环节包括：（1）编制施工进度计划及相关的资源需求计划；（2）组织施工进度计划的实施；（3）施工进度计划的检查与调整。为确保施工进度计划能行以实施，施工方还应编制劳动力需求计划、物资需求计划以及资金需求计划等。

40. B

P150

我国GB/T 19000—2008《质量管理体系》关于质量的定义是：在质量方面指挥和控制组织的协调活动。与质量有关的活动，通常包括质量方针和质量目标的建立、质量策划、质量控制、质量保证和质量改进等。所以，质量管理就是确定和建立质量方针，质量目标及职责，并在质量体系中通过质量策划、质量控制、质量保证和质量改进等手段来实施全部质量管理职能的所有活动。

41. A

P153

项目质量保证体系应有可行的质量计划。质量计划应根据企业的质量手册和项目目标来编制。工程项目质量计划可以按内容分为施工质量工作计划和施工质量成本计划。

42. C

P155

质量记录是产品质量水平和质量体系中各项质量活动进行及结果的客观反映，是证明各阶段产品质量达到要求和质量体系运行有效的证据。

43. B

P158

实测法是通过实测数据与施工规范、质量标准的要求及允许念头值进行对照，以此判断质量是否符合要求。其手段可概括为“靠、量、吊、套”四个字。其中量是指用测量工具和计量仪表等检查断面尺寸、轴线、标高、湿度、温度等的偏差。例如，大理石板拼缝尺寸与超差数量，摊铺沥青拌合料的温度，混凝土坍落度的检测等。

44. B

P166

为保证质量控制点的目标实现，应严格按照三级检查制度进行检查控制。在施工中发现质量控制点有异常时，应立即停止施工，召开分析会，查找原因采取对策予以解决。

45. B

P169

隐蔽工程在隐蔽前应由施工单位通知有关单位进行验收，并应形成验收文件。故选项A错误。检验批的质量应按主控项目和一般项目验收。故选项C错误。对涉及结构安全和使用功能的重要分部工程应进行抽样检测。故选项D错误。

46. A

P171

技术原因引发的质量事故是指在工程项目实施中由于设计、施工在技术上失误而造成的质量事故。例如，结构设计计算错误，地质情况估计错误，采用了不适宜的施工方法或施工工艺。

47. C

P176

当工程质量缺陷经过修补处理后仍不能满足规定的质量标准要求，或不具备补救可能性则必须采取返工处理。

48. D

P178

在工程项目开工前，监督机构首先在施工现场召开由参与工程建设各方代表参加的监督方案，提出监督要求，并进行第一次的监督检查工作。检查的重点是参与工程建设各方主体质量行为。

49. A

P194

安全技术措施是预防企业员工在工作过程中发生工伤事故的各项措施，包括防护装置、保险装置、信号装置和防爆炸装置等。

50. D

P204

有下列情形之一的，应急预案应当及时修订：（1）施工单位因兼并、重组、转制等导致隶属关系、经营方式、法定代表人发生变化的；（2）生产工艺和技术发生变化的；（3）

周围环境发生变化，形成新的重大危险源的；（4）应急组织指挥体系或者职责已经调整的；（5）依据的法律、法规、规章和标准发生变化的；（6）应急预案演练评估报告要求修订的；（7）应急预案管理部门要求修订的。

51. B

P201

对于违章指挥和违章作业行为，检查人员应当场指出，并限期纠正，预防事故的发生。

52. C

P185

项目建设涉及的单位多、专业多、界面多、材料多、工种多，包括大量的高空作业、地下作业、用电作业、爆破作业、施工机械及起重作业等较危险的工程，并且各工种经常需要交叉或平行作业，就要求施工方做到各专业之间、单位之间互相配合，要注意施工过程中的材料交接、专业接口部分对职业健康安全与环境的协调性。

53. C

P186

建设工程实行总承包的，由总承包单位对施工现场的安全生产负总责并自行完成工程主体结构的施工。

54. C

P205

根据中华人民共和国国务院令第 493 号《生产安全事故报告和调查处理条例》第三条规定，根据生产安全事故（以下简称事故）造成的人员伤亡或者直接经济损失，事故一般分为以下等级：（1）特别重大事故，是指造成 30 人以上死亡，或者 100 人以上重伤（包括急性工业中毒，下同），或者 1 亿元以上直接经济损失的事故；（2）重大事故，是指造成 10 人以上 30 人以下死亡，或者 50 人以上 100 人以下重伤，或者 5000 万元以上 1 亿元以下直接经济损失的事故；（3）较大事故，是指造成 3 人以上 10 人以下死亡，或者 10 人以上 50 人以下重伤，或者 1000 万元以上 5000 万元以下直接经济损失的事故；（4）一般事故，是指造成 3 人以下死亡，或者 10 人以下重伤，或者 1000 万元以下 100 万元以上直接经济损失的事故。本等级划分所称的“以上”包括本数，所称的“以下”不包括本数。

55. A

P206

生产安全事故发生后，受伤者或最先发现事故人员应用最快的传递手段，将发生事故的时间、地点、伤亡人数、事故原因等情况，向施工单位负责人报告；施工单位负责人接到报告后，应当在 1h 内向事故发生地县级以上人民政府建设主管部门和有关部门报告。

56. B

P216

施工平行承发包，又称为分别承发包，是指发包方根据建设工程项目的特点、项目进展情况和控制目标的要求等因素，将建设工程项目按照一定的原则分解，将其施工任务分别发包给不同的施工单位，各个施工单位分别与发包方签订施工承包合同。

57. D

P222

由施工总承包单位负责对所有分包单位的管理及组织协调，大大减轻了业主的工作。这是施工总承包管理模式的基本出发点。

58. B

P236

监理人有权对工程的所有部位及其施工工艺、材料和工程设备进行检查和检验。承包人应为监理人的检查和检验提供方便，包括监理人到施工场地，或制造、加工地点，或合同约定的其他地方进行察看和查阅施工原始记录。承包人还应按监理人指示，进行施工场地取样试验、工程复核测量和设备性能检测，提供试验样品、提交试验报告和测量成果以及监理人要求进行的其他工作。监理人的检查和检验，不免除承包人按合同约定应负的责任。

59. A

P243

未经承包人允许，分包人不得以任何理由与发包人或工程师发生直接工作联系，分包人不得直接致函发包人或工程师，也不得直接接受发包人或工程师的指令，故选项B错误。就分包工程范围内的有关工作，承包人随时可以向分包人发出指令，分包人应执行承包人根据分包合同所发出的所有指令，故选项C错误。分包人应遵守政府有关主管部门对施工场地交通、施工噪声以及环境保护和安全文明生产等的管理规定，按规定办理有关手续，并以书面形式通知承包人，承包人承担由此发生的费用，因分包人责任造成的罚款除外，故选项D错误。

60. B

P246

标的物质量要求应该符合国家或者行业现行有关质量标准和设计要求，应该符合以产品采用标准、说明、实物样品等方式表明的质量状况。约定质量标准的一般原则包括：(1) 按颁布的国家标准执行；(2) 没有国家标准而有部颁标准执行；(3) 没有国家标准和部颁标准为依据时，可按照企业标准执行。(4) 没有国家标准或虽有上述标准但采购方有特殊要求，按照双方在合同中约定的技术条件、样品或补充的技术要求执行。

61. B

P250

当发包工程的内容和工程量一时不能明确、具体地予以规定时，则可以采用单价合同形式，即根据计划工程内容和估算工程量，在合同中明确每项工程内容的单位价格（如每米、每平方米或者每立方米的价格），实际支付时则根据实际完成的工程量乘以合同单价计算应付工程款。

62. B

P251

采用固定总价合同时，双方结算比较简单，但是由于承包商承担了较大的风险，因此报价中不可避免地要增加一笔较高的不可预见风险费。承包商的风险主要有两个方面：一是价格风险，二是工作量风险。价格风险有报价计算错误、漏报项目、物价和人工费上涨等；工作量有工程量计算错误、工程范围不确定、工程变量或者由于设计深度不够所造成的误差等。

63. C

P257

根据九部委《标准施工招标文件》中通用合同条款的规定，在履行合同过程中，经发包人同意，监理人可按合同约定的变更程序向承包人做出变更指示，承包人应遵照执行。没有监理人的变更指示，承包人不得擅自变更。

64. A

P261

索赔的成立，应该同时具备三个前提条件：（1）与合同对照，事件已造成了承包人工程项目成本的额外支出，或直接工期损失；（2）造成费用增加或工期损失的原因，按合同约定不属于承包人的行为责任或风险责任；（3）承包人按合同规定的程序和时间提交索赔意向通知和索赔报告。以上三个条件必须同时具备，缺一不可。

65. D

P263

根据九部委《标准施工招标文件》中的通用合同条款，承包人提出索赔的期限如下：（1）承包人按合同约定接受了竣工付款证书后，应被认为已无权再提出在合同工程接收证书颁发前所发生的任何索赔；（2）承包人按合同最终结清申请单中，只限于提出工程接收证书颁发后发后的索赔。提出索赔的期限自接受最终结清证书时终止。

66. B

P267

施工方、业主方和项目参与其他各方都有各自的信息管理任务，为充分利用和发挥信息资源的价值、提高信息管理的效率以及实现有序的和科学的信息管理，各方都应编制各自的信息管理手册，以规范信息管理工作。故选项A错误。信息管理手册描述和定义信息管理的任务、执行者（部门）、每项信息管理任务执行的时间和其工作成果等。故选项D错误。在国际上，工程管理领域产生了信息管理手册，它是信息管理的核心指导文件。期望我国施工企业对此引起重视，并在工程实践中得以应用。故选项C错误。

67. B

P246

全部工作完成，经工程承包人认可后14d内，劳务分包人向工程承包人递交完整的结算资料，双方按照本合同约定的计价方式，进行劳务报酬的最终支付。工程承包人收到劳务分包人递交的结算资料后14d内进行核实，给予确认或者提出修改意见。工程承包人确认结算资料后14d内向劳务分包人支付劳务报酬尾款。

68. A

P235

由于承包人原因，未能按合同进度计划完成工作，或监理人认为承包人施工进度不能满足合同工期要求的，承包人应采取措施加快进度，并承担加快进度所增加的费用。由于承包人原因造成工期延误，承包人应支付逾期竣工违约金。承包人支付逾期竣工违约金，不免除承包人完成工程及修补缺陷的义务。

69. B

P38

选项 A 属于工程环境风险，选项 C 属于经济与管理风险，选项 D 属于技术风险。

70. C

P256

通过合同跟踪，可能会发现合同实施中存在着偏差，即工程实施实际情况偏离了工程计划和工程目标，应该及时分析原因，采取措施，纠正偏差，避免损失。合同实施偏差分析的内容包括：(1) 产生偏差的原因分析，通过对合同执行实际情况与实施计划的对比分析，不仅可以发现合同实施的偏差，而且可以探索引起差异的原因；(2) 合同实施偏差的责任分析，即分析产生合同偏差的原因是由谁引起的，应该由谁承担责任。责任分析必须以合同为依据，按合同规定落实双方的责任；(3) 合同实施趋势分析，针对合同实施偏差情况，可以采取不同的措施，应分析在不同措施下合同执行的结果与趋势。

71. ABCE

P99

剩余质量保证金的返还，并不能免除承包人按照合同约定应承担的质量保修责任和应履行的质量保修义务。

72. BD

P60

综合单价是完成一个规定计量单位的分部分项工程量清单项目或措施清单项目所需的人工费、材料费、施工机械使用费和企业管理费与利润，以及一定范围内的风险费用。

73. AB

P74

定额中周转材料消耗量指标的表示，应当用一次使用量和摊销量两个指标表示。一次使用量是指周转材料在不重复使用时一次使用量，供施工企业组织施工用；摊销量是指周转材料退出使用，应分摊到每一计量单位的结构构件的周转材料消耗量，供施工企业成本核算或投标报价使用。

74. ACDE

P102

施工成本一般以单位工程为成本核算对象，但也可以按照承包工程项目的规模、工期、结构类型、施工组织和施工现场等情况，结合成本管理要求，灵活划分成本核算对象。

75. ABE

P119

由于施工项目包括很多分部分项工程，不可能也没有必要对每一个分部分项工程都进行成本分析。但是，对于那些主要分部分项工程则必须进行成本分析。而且要做到从开工到竣工进行系统的成本分析。故选项C错误。分部分项工程成本分析的方法是：进行预算成本、目标成本和实际成本的“三算”对比，分别计算实际偏差和目标偏差，分析偏差产生的原因，为今后的分部分项工程成本寻求节约途径。故选项D错误。

76. ABDE

P26

分部（分项）工程施工组织设计的主要内容包括：（1）工程概况及施工特点分析；（2）施工方法和施工机械的选择；（3）分部（分项）工程的施工准备工作计划；（4）分部（分项）工程的施工进度计划；（5）各项资源需求量计划；（6）技术组织措施、质量保证措施和安全施工措施；（7）作业区施工平面布置图设计。

77. BCD

P123

由于项目进度控制不同的需要和不同的用途，业主和项目各参与方可以编制多个不同的建设工程项目进度计划系统。如：（1）由多个相互关联的不同计划深度的进度计划组成的计划系统；（2）由多个相互关联的不同计划功能的进度计划组成的计划系统；（3）由多个相互关联的不同项目参与方的进度计划组成的计划系统；（4）由多个相互关联的不同计划周期的进度计划组成的计划系统。

78. ADE

P131

双代号网络计划的绘图规则包括：（1）双代号网络图必须正确表达已定的逻辑关系；（2）双代号网络图中，严禁出现循环回路；（3）双代号网络图中，在节点之间严禁出现带双向箭头或无箭头的连线；（4）双代号网络图中，严禁出现没有箭头节点或没有箭尾节点的箭线；（5）当双代号网络图的某些节点有多条外向箭线或多条内向箭线时，为使图形简洁，可使用母线法绘制（但应满足一项工作用一条箭线和相应的一对节点表示）；（6）绘制网络图时，箭线不宜交叉。当交叉不可避免时，可用过桥法或指法；（7）双代号网络图中应只有一个起点节点和一个终点节点（多目标网络计划除外），而其他所有节点均应是中间节点；（8）双代号网络图应条理清楚，布局合理。

79. ACD

P144

当计算工期不能满足要求工期时，可通过压缩关键工作的持续时间以满足工期要求，在选择缩短持续时间的关键工作时，宜考虑的因素包括：（1）缩短持续时间对质量和安全影响不大的工作；（2）有充足备用资源的工作；（3）缩短持续时间所需增加的费用最小的工作等。

80. BC

P145

施工方进度控制的措施主要包括组织措施、管理措施、经济措施和技术措施。选项 A 属于组织措施，选项 D 属于管理措施，选项 E 属于技术措施。

81. BCE

P149

机械设备包括工程设备、施工机械和各类施工工器具。其中施工机械设备是指施工过程中使用的各类机具设备，包括运输设备、吊装设备、操作工具、测量仪器、计量器具以及施工安全设施等。选项 A、D 属于工程设备。

82. ABDE

P163

按有关施工验收规范规定，下列工程质量必须进行现场质量检测，合格后才能进行下道工序：(1) 地基基础工程；(2) 主体结构工程；(3) 建筑幕墙工程；(4) 钢结构及管道工程。

83. ABCD

P168

施工项目竣工质量验收的依据主要包括：(1) 上级主管部门的有关工程竣工验收的文件和规定；(2) 国家和有关部门颁发的施工规范、质量标准、验收规范；(3) 批准的设计文件、施工图纸及说明书；(4) 双方签订的施工合同；(5) 设备技术说明书；(6) 设计变更通知书；(7) 有关的协作配合协议书。

84. ABDE

P178

在工程项目开工前，监督机构接受建设单位有关建设工程质量监督的申报手续，并对建设单位提供的有关文件进行审查，审查合格签发有关质量监督文件；在工程项目开工前，监督机构首先在施工现场召开由参与工程建设各方代表参加的监督会议，公布监督方案，提出监督要求，并进行第一次的监督检查工作。检查的重点是参与工程建设各方主体的质量行为；在施工过程中，监督机构应按照监督方案对工程项目全过程施工的情况进行不定期的检查；竣工验收阶段，应编制单位工程质量监督报告，在竣工验收之日起五天内提交到竣工验收备案部门。

85. BCDE

P202

根据安全隐患的内容而采用的安全隐患防范的一般方法包括：(1) 对施工人员进行安全意识的培训；(2) 对施工机具进行有序监管，投入必要的资源进行保养维护；(3) 建立施工现场的安全监督检查机制。

86. ABDE

P190

项目经理部应根据本企业的安全生产管理制度体系，结合各项目的实际情况加以充实，确保工程项目的施工安全。

87. CE

P212

根据《建设工程施工现场管理规定》第三十二条规定，施工单位应当采取的防止环境污染的措施包括：（1）妥善处理泥浆水，未经处理不得直接排入城市排水设施和河流；（2）除设有符合规定的装置外，不得在施工现场熔融沥青或者焚烧油毡、油漆以及其他会产生有毒有害烟尘和恶臭气体的物质；（3）使用密封式的圆筒或者采取其他措施处理高空废弃物；（4）采取有效措施控制施工过程中的扬尘；（5）禁止将有毒有害废弃物用作土方回填；（6）对产生噪声、振动的施工机械，应采取有效控制措施，减轻噪声扰民。

88. ABCD

P215

固体废弃污染的处理：（1）施工现场设立专门的固体废弃物临时贮存场所，用砖砌成池；（2）固体废弃物的运输应采取分类、密封、覆盖，避免泄露、遗漏，并送到政府批准的单位或场所进行处理；（3）施工现场应使用环保型的建筑材料、工器具、临时设施、灭火器和各种物质的包装箱袋等，减少固体废弃物污染；（4）提高工程施工质量，减少或杜绝工程返工，避免产生固体废弃物污染；（5）施工中及时回收使用落地灰和其他施工材料，做到工完料尽，减少固体废弃物污染。

89. ABD

P219

施工总承包的特点包括：（1）费用控制。在通过招标选择施工总承包单位时，一般都以施工图设计为投标报价的基础，投标人的投标报价较有依据；在开工前就有较明确的合同价，有利于业主对总造价的早期控制；若在施工过程中发生设计变更，则可能发生索赔。（2）进度控制。一般要等施工图设计全部结束后，才能进行施工总承包单位的招标，开工日期较迟，建设周期势必较长，对进度控制不利，这是施工总承包模式的最大的缺点，限制了其在建设周期紧迫的工程项目中的应用。（3）质量控制。项目质量的好坏很大程度上取决于施工总承包单位的选择，取决于施工总承包单位的管理水平和技术水平。业主对施工总承包单位的依赖较大。（4）合同管理。业主只需要进行一次招标，与一个施工总承包单位签约，招标及合同管理工作量大大减少，对业主有利。（5）组织与协调。业主只负责对施工总承包单位的管理及组织协调，工作量大大减少，对业主比较有利。但建设周期可能比较长，对进度控制不利。

90. BCE

P236

承包人应在合同约定的期限内，提交工程质量保证措施文件，包括质量检查机构的组织和岗位责任、质检人员的组成、质量检查程序和实施细则等，报送监理人审批。

91. ACDE

P245

劳务分包人施工开始前，工程承包人应获得发包人为施工场地内的自有人员及第三人人员生命财产办理的保险，且不需劳务分包人支付保险费用。

92. ABCE

P250

采用单价合同对业主的不足之处是，业主需要安排专门力量来核实已经完成的工程量，需要在施工过程中花费不少精力，协调工作量大。

93. ABCE

P255

合同跟踪的对象包括：（1）承包的任务，包括工程施工的质量，工程进度，工程数量，成本的增加和减少；（2）工程小组或分包人的工程和工作；（3）业主和其委托的工程师的工作。

94. BD

P269

选项 A 属于组织类工程信息，选项 C、E 属于经济类工程信息。

95. BC

P276

工程质量控制资料是建设工程施工全过程全面反映工程质量控制和保证的依据性证明材料，应包括原材料、构配件、器具及设备等的质量证明、合格证明、进场材料试验报告、施工试验记录、隐蔽工程检查记录等。

模拟题三

一、单项选择题（共 70 题，每题 1 分。每题的备选项中，只有 1 个最符合题意）

1. 某建设工程项目采用施工总承包模式，其中的土方开挖工程由建设单位发包给一家专业分包商。在施工中，该土方专业分包商应该直接接受（　　）的工作指令。

A. 建设单位　　B. 设计单位　　C. 监理单位　　D. 施工总承包单位

2. 对项目的结构进行逐层分解以反映组成该项目的所有工作任务的组织工具是（　　）。

A. 项目结构图　　B. 组织结构图　　C. 合同结构图　　D. 工作流程图

3. 某公路改造项目计划投资 1500 万元，计划建设工期为 5 个月。则影响该项目目标实现的因素中，决定性的因素是（　　）。

A. 组织　　B. 方法　　C. 工具　　D. 人力资源

4. 建设工程施工管理中的工作流程图反映的是一个项目的（　　）关系。

A. 管理班子中各组成部门之间的组织

B. 各项工作之间的组织

C. 管理班子中各组成部门之间的逻辑关系

D. 各项工作之间的逻辑

5. 根据《建设工程工程量清单计价规范》（GB 50500—2013），下列费用不属于投标人所填报的分部分项工程综合单价的是（　　）。

A. 规费　　B. 利润　　C. 管理费　　D. 直接工程费

6. 项目管理任务分工表的编制程序包括：① 编制任务分工表；② 进行项目管理任务分解；③ 明确各工作部门或个人的工作任务。其正确的顺序是（　　）。

A. ①－②－③　　B. ②－①－③　　C. ③－②－①　　D. ②－③－①

7. 某工程进度发生延误，项目经理为加快进度，提出一班工作制改为两班工作制，增加夜班工作，增加施工设备和改变施工方法等方案，这属于管理职能中的（　　）环节。

A. 筹划　　B. 决策　　C. 执行　　D. 检查

8. 根据《建筑安装工程费用项目组成》（建标〔2013〕44 号），为完成建设工程施工，发生与该工程施工前和施工过程中的技术、生活、安全、环境保护等方面的费用需要计入（　　）。

A. 分部分项工程费　　B. 措施项目费

C. 其他项目费　　D. 规费

9. 根据《建筑安装工程费用项目组成》（建标［2013］44号），施工现场起重机械所消耗的燃料费用属于建筑安装工程费用的（　　）。

A. 材料费　　B. 施工机械使用费

C. 现场管理费　　D. 企业管理费

10. 建设单位委托检测机构对施工企业提供的具有合格证明的材料进行检测，且检测结果合格时，此类检测发生的费用，在（　　）中列支。

A. 建设单位的工程建设其他费用　　B. 施工企业的工程建设其他费用

C. 建设单位的企业管理费　　D. 施工企业的施工管理费

11. 关于施工定额的说法，正确的是（　　）。

A. 施工定额是以建筑物或构筑物各个分部分项工程为对象编制的定额

B. 施工定额由劳动定额、材料消耗定额、施工机械台班消耗定额组成

C. 施工定额的编制考虑行业工程建设特点，在本行业范围内使用

D. 施工定额由国家建设行政主管部门组织编制

12. 关于周转性材料消耗量的说法，正确的是（　　）

A. 周转性材料的损耗一般以损耗率表示

B. 周转性材料的摊销量可以供施工企业投标报价使用

C. 周转性材料的一次使用量供施工企业成本核算使用

D. 周转性材料的消耗与其最终回收折价无关

13. 已知某斗容量 $1m^3$ 正铲挖土机，挖四类土，装车，深度在2m内，小组成员两人，定额单位为 $100m^3$，机械时间定额为0.21台班，则挖 $100m^3$ 的人工时间定额为（　　）。

A. 0.42台班　　B. 4.76工日　　C. 0.42工日　　D. 4.76台班

14. 施工企业准备现场材料、签发任务书、进行经济核算的依据是（　　）。

A. 施工预算　　B. 施工图预算　　C. 投标报价　　D. 生产成本

15. 编制施工组织总设计时，施工总进度计划必须在完成（　　）后确定。

A. 施工准备工作计划　　B. 施工总平面图

C. 施工方案　　D. 资源需求量计划

16. 根据目标动态控制原理，项目目标分解之后，在实施过程中进行动态跟踪和控制的首要工作是（　　）。

A. 确定目标控制的计划值　　B. 定期比较目标计划值与实际值

C. 分析比较结果，采取纠偏措施　　D. 收集目标的实际完成值

17. 运用动态控制原理控制施工成本时，要定期对施工成本的计划值和实际值进行比较。相对于施工成本规划而言，实际值是指（　　）。

A. 工程合同价　　B. 实际施工成本

C. 投标价　　D. 实际支付的工程款

18. 下列管理权力中，项目经理在承担工程项目施工的管理过程中能够行使的是（　　）。

A. 自行决定是否分包及选择分包企业

B. 编制和确定需政府监管的招标方案

C. 调配并管理进入工程项目的生产要素

D. 行使企业法人的一切权力

19. 项目管理目标责任书应在项目实施之前，由（　　）或其授权人与项目经理协商制定。

A. 企业董事长　　B. 企业法定代表人

C. 企业总经理　　D. 分管生产经营的副经理

20. 下列施工风险管理工作中，属于风险控制工作的是（　　）。

A. 确定风险因素　　B. 分析风险发生的概率

C. 分析风险损失量　　D. 提出风险预警

21. 根据《建设工程质量管理条例》，未经（　　）签字的建筑构配件和设备不得在工程上使用和安装。

A. 专业技术负责人　　B. 监理工程师

C. 项目经理　　D. 总监理工程师

22. 监理人员进行平行检验时，发现施工过程存在安全事故隐患，应当（　　）。

A. 责令施工企业整改　　B. 向施工企业项目经理报告

C. 向建设单位驻工地代表报告　　D. 向建设行政主管部门报告

23. 某建设工程施工合同约定："工程预付款从未施工工程尚需的主要材料及构件的价值相当于工程预付款数额时扣起"。已知合同总价 500 万元，工程预付款 60 万元，主要材料费的比重为 60%，则该工程预付款起扣点为（　　）万元。

A. 60　　B. 300　　C. 400　　D. 464

24. 进行建设工程项目总进度目标控制前，首先应分析和论证目标实现的可能性。在调查研究和收集整理后，紧接着应进行的工作是（　　）。

A. 进行进度计划系统结构分析　　B. 进行项目结构分析

C. 编制各级进度计划　　D. 确定工作编码

25. 设计单位进度控制的任务是依据（　　）对设计工作进度的要求控制设计工作进度。

A. 建设项目总进度目标　　B. 设计总进度计划

C. 工程工期　　D. 设计委托合同

26. 在安排某小型公路改造项目的进度时，需要编制的进度计划是（　　）。

A. 施工总进度方案　　B. 施工总进度规划

C. 施工总进度计划　　D. 施工总进度目标

27. 监理人为验证承包人对材料的检验成果的可靠性而要求承包人重新检验，结果证明材料质量符合要求，由此增加的费用和延误的工期应由（　　）承担。

A. 发包人　　B. 承包人　　C. 监理人　　D. 供货商

28. 下列进度计划中，可直接用于组织施工作业的计划是（　　）。

A. 施工企业的季度生产计划　　B. 项目施工的月度施工计划

C. 施工企业的月度生产计划　　　　D. 分部分项工程施工进度计划

29. 下列关于横道图计划法的缺点，正确的是（　　）。

A. 横道图无法表达出工作间的逻辑关系

B. 关键工作和关键路线可以设法表达，但不易表达清楚

C. 计划调整只能用手工方式进行，其工作量时较大

D. 横道图计划难以适用于中小型进度计划系统

30. 建设工程项目施工图预算编制的主要依据是（　　）。

A. 人工定额　　B. 概算定额　　C. 预算定额　　D. 施工定额

31. 施工成本分析是在成本的形成过程中，主要利用施工项目的（　　）与施工项目的实际成本进行比较而进行分析。

A. 计划成本　　　　　　　　B. 成本预测资料

C. 成本核算资料　　　　　　D. 成本控制程度

32. 某独立土方工程，招标文件中估计工程量为200万 m^3，合同中规定：土方工程单价为5元/ m^3，当实际工程量超过估计工程量15%时，调整单价为4元/ m^3。工程结束时实际完成土方工程量为260万。则土方工程款为（　　）万元。

A. 1270　　B. 1150　　C. 1000　　D. 800

33. 施工成本控制过程中，为了及时发现施工成本是否超支，应该定期进行（　　）的比较。

A. 施工成本计划值与实际值　　　B. 施工成本计划值与投标报价

C. 成本实际值与投标报价　　　　D. 实际工程款支付与合同价

34. 某施工项目经理对商品混凝土的施工成本进行分析，发现其目标成本是443040元，实际成本是473697元，因此要分析产量、单价、损耗率等因素对混凝土成本的影响程度，最适宜采用的分析方法是（　　）。

A. 比较法　　B. 构成比率法　　C. 因素分析法　　D. 动态比率法

35. 某实施监理的工程项目施工合同约定：工程无预付款，进度款按月结算，工程量以监理工程师计量的结果为准，工程保留金按进度款的3%逐月扣留，监理工程师每月签发付款凭证的最低限额为30万元。经计量确认，施工单位第一个月完成工程款30万元，第二个月完成工程款55万元，则第二个月监理工程师应签发的付款金额为（　　）万元。

A. 29.1　　B. 30　　C. 53.35　　D. 82.45

36. 某工程项目由业主原因造成工程停工两天，施工企业的租赁设备由于停工造成的窝工费按（　　）计算。

A. 机械折旧费　　　　　　　B. 机械折旧费＋设备进出现场的分摊费

C. 设备租赁费　　　　　　　D. 机械台班费

37. 根据GB/T 19000—2008质量管理体系标准，施工企业开展质量管理和质量保证的基础是（　　）。

A. 质量体系文件　　　　　　B. 质量手册

C. 程序文件　　　　　　　　D. 质量计划

38. 建设工程施工项目开工前应编制测量控制方案，由（　　）批准后实施。

A. 项目经理　　B. 施工监理

C. 项目总工程师　　D. 项目技术负责人

39. 建设工程施工项目经审查符合竣工验收条件和标准后，即可由（　　）组织正式验收。

A. 监理单位　　B. 施工企业　　C. 建设单位　　D. 质量监督机构

40. 某建设工程项目施工过程中，由于管理不善导致质量事故，影响工程的使用功能，造成永久质量缺陷，并造成200万元的直接经济损失，这一事故属于（　　）。

A. 一般事故　　B. 较大事故　　C. 重大事故　　D. 特别重大事故

41. 某一结构构件截面尺寸不足，影响承载力，但按实际情况进行复核验算后仍能满足设计要求的承载力。这一质量事故宜采取的处理方法是（　　）。

A. 加固处理　　B. 修补处理　　C. 不作处理　　D. 返工处理

42. 县级以上地方人民政府建设行政主管部门可以依据（　　）对本行政区域内的建设工程质量实施监督管理。

A. 工程合同和法律法规　　B. 法律法规和工程建设强制性标准

C. 工程合同和工程建设强制性标准　　D. 工程合同和质量保证体系

43. 对工程项目建设中的结构主要部位，除进行常规检查外，应在（　　）验收时进行监督，监督检查验收合格后，方可进行后续工程的施工。

A. 检验批　　B. 分部工程　　C. 单项工程　　D. 单位工程

44. 下列关于企业员工的安全教育的说法，正确的是（　　）。

A. 只有新员工上岗时，才需要进行安全技术培训教育

B. 对企业员工的安全教育必须经常不断地进行

C. 项目级安全教育应由企业主管领导组织实施

D. 班组级安全教育应由项目级负责人组织实施

45. 某建设工程施工进度计划如下图所示（时间单位：d），则该计划的计算工期是（　　）d。

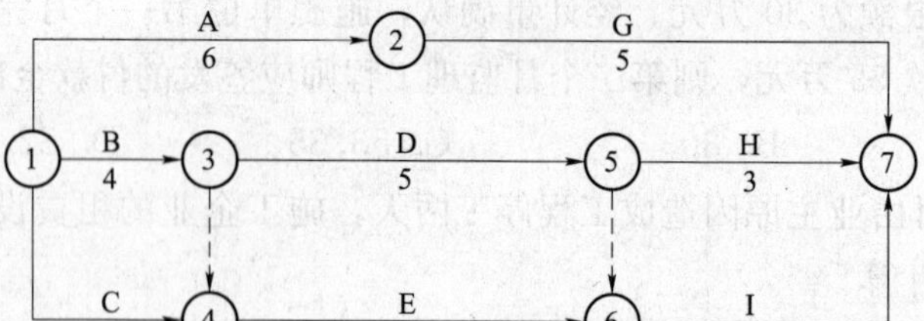

A. 11　　B. 12　　C. 15　　D. 17

46. 在计算双代号网络计划的时间参数时，工作的最迟完成时间等于其所有紧后工作的（　　）。

A. 最早开始时间的最小值　　B. 最早开始时间的最大值

C. 最迟开始时间的最小值　　D. 最迟开始时间的最大值

47. 某建设工程网络计划中某工作的自由时差为 4d，总时差为 5d。施工进度检查时发现该工作实际进度拖延导致总工期拖延 2d，其他工作未拖延。则该工作实际进度比计划进度拖延（　　）d。

A. 2　　B. 6　　C. 7　　D. 11

48. 业主必须事先对建筑工程的工期、造价和质量提出要求，并在生产过程中对工程质量进行必要的监督控制。这反映了施工生产的（　　）的特点。

A. 一次性　　B. 流动性　　C. 单件性　　D. 预约性

49. 下列影响工程施工质量的因素中，属于施工质量管理环境因素的是（　　）。

A. 施工决策者的质量意识　　B. 施工现场的照明设施

C. 施工单位质量管理制度　　D. 施工技术方案的优劣

50. 建设工程项目质量管理的 PDCA 循环工作原理中，与计划比较执行过程中是否产生的偏差属于（　　）环节的工作。

A. 计划　　B. 实施　　C. 检查　　D. 处理

51. 下列合同结构图表示的是（　　）模式。

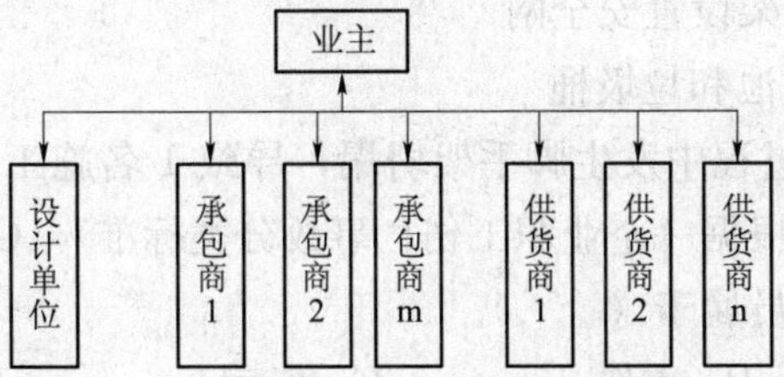

A. 施工平行发包　　B. 施工总承包

C. 设计—建造—管理　　D. 施工总承包管理

52. 施工质量控制包括事前控制、事中控制和事后控制，下列各项工作属于事中控制的是（　　）。

A. 编制施工质量计划　　B. 对质量活动结果的监督控制

C. 对质量活动结果的评价　　D. 对质量偏差的纠正

53. 根据《标准施工招标文件》，测量基准点、基准线和水准点及其书面资料的准确性应由（　　）负责。

A. 地质勘察单位　　B. 发包人

C. 承包人　　D. 监理人

54. 根据《建设工程施工劳务分包合同（示范文本）》(GF 2003—0214)，运至施工场地用于劳务施工的材料和待安装设备应由（　　）。

A. 工程承包人办理并支付保险费用

B. 劳务分包人办理并支付保险费用

C. 工程承包人办理，但由劳务分包人支付保险费用

D. 劳务分包人办理，但由承包人支付保险费用

55. 建筑材料采购合同中约定委托运输单位代运的产品，交货日期一般以（　　）为准。

A. 供货方发货戳记的日期　　B. 采购方收货戳记的日期
C. 合同约定的提货日期　　D. 承运单位签发的日期

56. 组织员工参加安全生产展览，属于安全技术措施计划中的（　　）。
A. 安全技术措施　　B. 职业卫生措施
C. 辅助用房间及设施　　D. 安全宣传教育措施

57. 某新建工程需要安装防爆炸设施，关于主体工程与该设施的建造顺序，下列说法正确的是（　　）。
A. 主体工程完成后建造防爆炸设施
B. 防爆炸设施安装完成后主体工程开始施工
C. 二者同时设计、同时施工、同时投入生产和使用
D. 根据实际进度安排顺序

58. 下列关于施工现场文明施工的做法，正确的是（　　）。
A. 工地四周设置连续、密闭、高度一致的围墙
B. 将集体宿舍安排在作业区
C. 结构外墙手脚架设置安全网
D. 尽量减少垃圾池和垃圾桶

59. 某建筑工程施工过程中发生脚手架坍塌，导致1名施工人员受伤，需要休养半年才能继续从事原工作，则根据《企业职工伤亡事故分类标准》（GB 6441—86）规定，按照伤害程度分类，该施工人员属于（　　）。
A. 轻伤　　B. 重伤　　C. 疾病　　D. 死亡

60. 某施工企业在发生安全事故后故意破坏事故现场，建设行政主管部门应依法对其处以（　　）万元的罚款。
A. 10～30　　B. 30～50　　C. 50～100　　D. 100～500

61. 根据《建设工程施工现场管理规定》，下列做法属于施工单位应采取的防止环境污染的组织措施是（　　）。
A. 采取有效措施控制施工过程中的扬尘
B. 建立施工现场环境管理体系
C. 对产生噪声、振动的施工机械，采取有效控制措施
D. 使用密封式的圈筒处理高空废弃物

62. 下列关于施工现场水污染的处理方法，正确的是（　　）。
A. 施工现场存放化学溶剂应设有专门库房，并进行防渗处理
B. 有毒废弃物应作土方回填
C. 施工现场搅拌站的污水应经排水沟直接排入城市污水管道
D. 施工现场气焊用的乙炔发生罐产生的污水应由专用容器集中后直接排入城市污水管道

63. 某建设工程采用单价合同，其投标报价单中，钢筋混凝土数量为1000m³，合同价应该是30万元，而实际只写了3万元。实际施工时，实际工程量为1500m³，则钢筋混凝

土工程的价款金额应该是（　　）万元。

A. 30　　B. 3　　C. 45　　D. 4.5

64. 关于成本加固定比例费用合同的说法，正确的是（　　）。

A. 在工程总成本一开始估计不准，可能变化不大的情况下宜采用成本加固定费用合同

B. 报酬总额随工程成本的加大而增加，不利于缩短工期

C. 报酬部分的比例在签订合同时确定，有利于调动承包商积极性，降低成本

D. 业主承担较少风险，承包商承担大部分风险

65. 某施工总承包合同下的工程项目由于组织协调不当，某专业分包商未能按时进入施工现场而导致工程延误，由此造成的损失由（　　）承担。

A. 设计单位　　B. 建设单位

C. 施工总承包企业　　D. 监理单位

66. 发包人认为有必要时，由监理人通知承包人以计日工方式实施变更的零星工作。根据《标准施工招标文件》，其价款按（　　）进行计算。

A. 目前市场上同工种人工的日工资单价

B. 承包商提出的计日工单价

C. 列入已标价工程量清单中的计日工计价子目及其单价

D. 列入已标价工程量清单中分部分项工程的人工费单价

67. 建设工程实施过程中承包人向发包人提出索赔的第一步是（　　）。

A. 报告索赔事件　　B. 提出索赔意向

C. 计算索赔金额　　D. 提交索赔证据

68. 根据九部委《标准施工招标文件》，承包人应在索赔事件影响结束后的28d内，向监理人递交（　　）。

A. 索赔意向通知　　B. 中间索赔依据

C. 最终索赔通知书　　D. 索赔声明

69. 某房建工程的给排水工程由项目专业技术负责人组织验收后，应由（　　）签署验收意见及验收结论，并签字盖章。

A. 施工企业施工员　　B. 专业监理工程师

C. 项目专业技术负责人　　D. 建设单位参加验收的人员

70. 施工文件档案管理中，某一案卷内包含机密和秘密两套文件，则该案卷的密级应为（　　）。

A. 绝密　　B. 机密

C. 秘密　　D. 应分为机密和秘密两套案卷

二、多项选择题（共25题，每题2分，每题的备选项中，有2个或2个以上符合题意，至少有1个错项，错选，本题不得分；少选，所选的每个选项得0.5分）

71. 某建设工程项目将所有施工任务分包给某施工分包商，则下列项目管理工作中，

属于该施工分包商的项目管理任务的有（　　）。

A. 施工安全控制　　B. 施工合同管理

C. 施工信息管理　　D. 施工文化管理

E. 施工进度控制

72. 关于建设项目管理职能分工的说法，正确的有（　　）。

A. 管理职能的分工表和岗位责任描述的作用与内容相同，属于国内外不同名称

B. 不同的管理职能可由不同的职能部门承担

C. 管理职能分工表既可用于项目管理，也可用于企业管理

D. 项目各参与方都应编制各自的管理职能分工表

E. 管理职能分工表一般只反映项目经理工作任务

73. 某桥梁建设工程项目整体的施工组织总设计的主要内容有（　　）。

A. 建设项目的工程概况　　B. 施工部署

C. 项目施工成本　　D. 劳动力需求量计划

E. 技术组织措施

74. 根据《建设工程项目管理规范》（GB/T 50326—2006），施工企业项目经理在承担项目施工管理过程中，具有的权限有（　　）。

A. 组建项目经理部　　B. 制订内部计酬办法

C. 参与选择物资供应单位　　D. 决定项目招标、投标

E. 选择分包人

75. 工程造价管理机构在确定计价定额中企业管理费时，应以（　　）作为计算基数。

A. 分部分项工程费　　B. 定额人工费＋机械台班单价

C. 定额人工费　　D. 分部分项工程费＋措施项目费

E. 定额人工费＋定额机械费

76. 下列对不符合建筑工程施工质量要求的工程的验收处理方法中，正确的有（　　）。

A. 经翻修或更换器具、设备的检验批，应重新进行验收

B. 经有法定资质的检测单位检测鉴定达到设计要求的检验批，应予以验收

C. 经有法定资质的检测单位检测鉴定达不到设计要求，但经原设计单位核算认可能满足结构安装和使用功能的检验批，可予以验收

D. 经返修或加固的分项、分部工程，虽然改变外形尺寸但仍能满足安全和使用要求，可按技术处理方案和协商文件进行验收

E. 经返修或加固处理仍不满足安全使用要求的分部工程，经鉴定后降低安全等级使用

77. 某建设工程的施工网络计划如图所示（时间单位：d），则该计划的关键线路有（　　）。

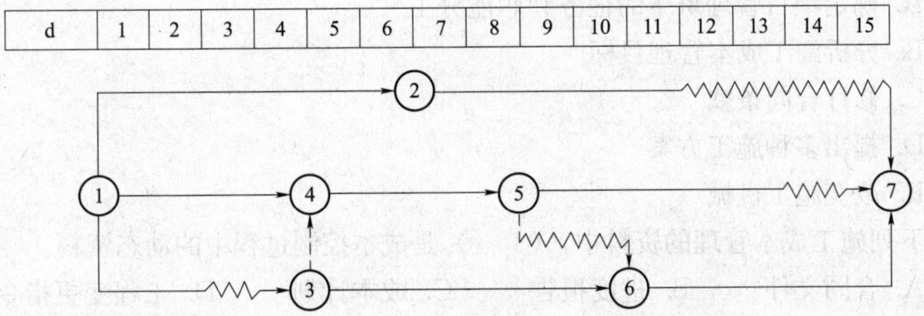

A. ①—②—⑦
B. ①—④—⑤—⑦
C. ①—③—⑥—⑦
D. ①—③—④—⑤—⑦
E. ①—③—④—⑤—⑥—⑦

78. 下列建设工程施工风险的因素中，属于技术风险因素的有（　　）。

A. 承包商管理人员的能力
B. 工程设计文件
C. 工程施工方案
D. 合同风险
E. 工程机械

79. 根据《建筑安装工程费用项目组成》（建标［2013］44号），下列应计入建筑安装工程材料费的有（　　）。

A. 材料供应价格
B. 材料运杂费
C. 材料仓储费
D. 工地保险费
E. 构件破坏性试验费

80. 下列事件属于现场签证的范围的是（　　）。

A. 适用于施工合同范围内的零星工程的确认
B. 在工程施工过程中发生变更后需要现场确认的工程量
C. 非施工单位原因导致的人工、设备窝工及有关损失
D. 符合施工合同规定的非施工单位原因引起的工程量或费用增减
E. 确认修改施工方案引起的工程量或费用增减

81. 根据《计价规范》，分部分项工程量清单单价组成包括（　　）。

A. 人工费＋材料费＋施工机具使用费
B. 管理费
C. 利润
D. 规费
E. 税金

82. 编制人工定额时，应计入工人定额时间的有（　　）。

A. 材料供应不及时造成的停工时间
B. 施工组织混乱造成的停工时间
C. 由于施工过程特点引起的工作中断所必须的时间
D. 工人在工作过程中为恢复体力所必需的生理需要时间
E. 工人在工作时间内私聊消耗的时间

83. 下列建设工程项目施工成本管理的措施中，属于技术措施的有（　　）。

A. 确定项目管理班子的任务和职能分工

B. 分析施工成本管理目标

C. 修订合同条款

D. 提出多种施工方案

E. 改变施工机械

84. 下列施工成本管理的资料中，（　　）是成本控制过程中的动态资料。

A. 合同文件　B. 进度报告　C. 成本计划　D. 工程变更指令

E. 索赔资料

85. 职业健康安全管理体系中，（　　）是企业通过职业健康安全管理体系的运行实行事故控制的开端。

A. 确定职业健康安全方针　B. 危险源识别

C. 风险评价　D. 风险控制策划

E. 风险响应

86. 与平行承发包模式相比较，施工总承包模式的特点有（　　）。

A. 业主只需与一个施工总承包单位签约，合同管理工作量大大减小

B. 业主的组织和协调工作量大大减小

C. 业主要在最后一份合同签订后才知道总造价，不利于投资控制

D. 建设周期可能比较长，不利于进度控制

E. 合同交互界面比较多，不利于项目的质量控制

87. 承包人可以向监理人提交竣工验收申请报告的前提是工程具备（　　）的条件。

A. 合同范围内的单位工程和工作已完成并符合合同要求

B. 发包人已支付竣工结算价款

C. 已按合同要求备齐了符合要求的竣工资料

D. 竣工验收资料已经档案管理部门验收合格

E. 监理人已经出具质量评估报告

88. 根据《建设工程施工专业分包合同（示范文本）》（GF 2003—0213），关于分包人责任和义务的说法，正确的有（　　）。

A. 分包人应履行并承担总包合同中与分包工程有关的承包人所有义务与责任

B. 未经承包人许可，分包人与发包人直接发生工作联系，须承担违约责任

C. 分包人可拒绝承包人根据分包合同发生的指令

D. 分包人应允许发包人、工程师在工作时间内，合理进入分包施工场地

E. 工程未交付承包人前，负责已完成分包工程的成品保护工作

89. 施工总承包和施工总承包管理模式的相同之处是（　　）。

A. 合同关系　B. 对分包单位的选择和认可

C. 对分包单位的付款　D. 对分包单位的管理和服务

E. 承担的责任和义务

90. 施工企业在施工进度计划检查后编制的进度报告，其内容包括（　　）。

A. 进度计划的编制说明

B. 进度计划实施情况的综合描述

C. 进度计划在实施过程中存在的问题及其原因分析

D. 将采取的措施

E. 进度的预测

91. 为实现施工进度目标，不但应进行进度控制，还应注意分析影响工程进度的风险。常见的影响工程进度的风险有（　　）。

A. 战争或内乱　　B. 组织沟通不畅

C. 人力不足　　D. 合同风险

E. 地震或洪水

92. 施工质量影响因素主要有“4MIE”，下列属于“4MIE”的因素有（　　）。

A. 人　　B. 资金　　C. 方法　　D. 环境

E. 材料

93. 根据《建筑工程施工质量验收统一标准》，分部（子分部）工程质量验收合格的规定有（　　）。

A. 分部（子分部）工程所含分项工程的质量均应验收合格

B. 质量控制资料应完整

C. 全部分部工程有关安全和功能的抽样检测结果应符合有关规定

D. 观感质量验收应符合要求

E. 分部（子分部）工程的工程监理质量评估记录应符合各项要求

94. 建设工程施工质量事故调查报告的主要内容应当包括（　　）。

A. 事故情况　　B. 质量事故的处理依据

C. 事故原因分析与初步判断　　D. 事故发生后所采取的临时防护措施

E. 事故的责任处罚

95. 对于防范土方开挖工程的施工安全隐患方法，下列做法正确的有（　　）。

A. 对施工人员进行安全意识的培训

B. 对施工机具进行有序监管

C. 投入必要的资源对施工机具进行保养维护

D. 建立施工现场的安全监督检查机制

E. 采用新技术、新工艺、新设备

答案及解析

1. D

P5

分包施工方承担合同所规定的分包施工任务，以及相应的项目管理任务。若采用施工总承包或施工总承包管理模式，分包商（不论是一般的分包方，或由业主指定的分包方）必须接受施工总承包方或施工总承包管理方的工作指令，服从其总体的项目管理。

2. A

P8

项目结构图是一个组织工具，它通过树状图的方式对一个项目的结构进行逐层分解，以反映组成该项目的所有工作任务。项目结构图中，矩形框表示工作任务（或第一层、第二层子项目等），矩形框之间的连接用连线表示。

3. A

P7

系统的目标决定了系统的组织，而组织是目标能否实现的决定性因素。

4. D

P23

工作流程图用图的形式反映一个组织系统中各项工作之间的逻辑关系，它可以用以描述工作流程组织。

5. A

P60

综合单价是完成一个规定计量单位的分部分项工程量清单项目或措施清单项目所需的人工费、材料费、施工机械使用费和企业管理费与利润，以及一定范围内的风险费用。

6. D

P18

在编制项目管理任务分工表前，应结合项目的特点，对项目实施各阶段的费用控制、进度控制、质量控制、合同控制、信息管理和组织与协调等管理任务进行详细分解。在项目管理任务分解的基础上，明确项目经理和上述管理任务主管工作部门或主管人员的工作任务，从而编制工作任务分工表。

7. A

P19

筹划是提出解决问题的多个可能的方案，并对可能方案进行比较。

8. B

P50

措施项目费是指为完成建设工程施工，发生与该工程施工前和施工过程中的技术、生活、安全、环境保护等方面的费用。

9. B

P47

施工机械使用费包括：（1）折旧费；（2）大修理费；（3）经常修理费；（4）安拆费及场外运费；（5）人工费；（6）燃料动力费；（7）税费。

10. A

P48

检验试验费是指施工企业按照有关标准规定，对建筑以及材料、构件和建筑安装物进行一般鉴定、检查所发生的费用，计入企业管理费。不包括新结构、新材料的试验费，对构件做破坏性试验及其他特殊要求检验试验的费用和建设单位委托检测机构进行检测的费用，对于此类检测发生的费用，由建设单位在工程建设其他费用中列支。但对施工企业提供的具有合格证明的材料进行检测其结果不合格的，该检测费用由施工企业支付。

11. B

P68

施工定额是以同一性质的施工过程——工序为研究对象，表示生产产品数量与时间消耗综合关系编制的定额。故选项 A 错误。施工定额是施工企业组织生产和加强管理在企业内部使用的一种定额，属于企业定额的性质。故选项 C、D 错误。

12. B

P74

周转性材料指在施工过程中多次使用、周转的工具性材料。周转性材料消耗一般与四个因素有关：(1) 第一次制造时的材料消耗（一次使用量）；(2) 每周转使用一次材料的损耗（第二次使用时需要补充）；(3) 周转使用次数；(4) 周转材料的最终回收及其回收折价。定额中周转材料消耗量指标的表示，应当用一次使用量和摊销量两个指标表示。一次使用量是指周转材料在不重复使用时的一次使用量，供施工企业组织施工用；摊销量是指周转材料退出使用，应分摊到每一计量单位的结构构件的周转材料消耗量，供施工企业成本核算或投标报价使用。

13. C

P74

单位产品机械时间定额（台班）＝1/台班产量，单位产品人工时间定额（工日）＝小组成员总人数/台班产量。则题中的台班产量为：1/0.21＝4.76，挖 $100m^3$ 的人工时间定额为：2/4.76＝0.42 工日。

14. A

P106

施工预算是施工企业组织生产、编制施工计划、准备现场材料、签发任务书、考核功效、进行经济核算的依据，它也是施工企业改善经营管理、降低生产成本和推行内部经营承包责任制的重要手段；而施工图预算则是投标报价的主要依据。

15. C

P27

施工组织设计中的工作有些顺序不可逆转：(1) 拟订施工方案后才可编制施工总进度计划（因为进度的安排取决于施工的方案）；(2) 编制施工总进度计划后才可编制资源需求量计划（因为资源需求量计划要反映各种资源在时间上的需求）。

16. D

P28

在项目实施过程中对项目目标进行动态跟踪和控制：(1) 收集项目目标的实际值；

(2) 定期进行项目目标的计划值和实际值的比较；(3) 通过项目目标的计划值和实际值的比较，如有偏差，则采取纠偏措施进行纠偏。

17. B

P30

施工成本的计划值和实际值是相对的。施工成本的计划值和实际值的比较包括：(1) 工程合同价与投标价中的相应成本项的比较；(2) 工程合同价与施工成本规划中的相应成本项的比较；(3) 施工成本规划与实际施工成本中的相应成本项的比较；(4) 工程合同价与实际施工成本中的相应成本项的比较；(5) 工程合同价与工程款支付中的相应成本项的比较等。

18. C

P33

项目经理在承担工程项目施工的管理过程中，应当按照建筑施工企业与建设单位签订的工程承包合同，与本企业法定代表人签订项目承包合同，并在企业法定代表人授权范围内，行使以下管理权力：(1) 组织项目管理班子；(2) 以企业法定代表人的代表身份处理与所承担的工程项目有关的外部关系，受托签署有关合同；(3) 指挥工程项目建设的生产经营活动，调配并管理进入工程项目的人力、资金、物资、机械设备等生产要素；(4) 选择施工作业队伍；(5) 进行合理的经济分配；(6) 企业法定代表人授予的其他管理权力。

19. B

P34

项目管理目标责任书应在项目实施之前，由法定代表人或其授权人与项目经理协商制定。

20. D

P39

选项 A 属于风险识别工作，选项 B、C 属于风险分析工作。

21. B

P41

未经监理工程师签字，建筑材料、建筑构配件和设备不得在工程上使用或者安装，施工单位不得进行下一道工序的施工。未经总监理工程师签字，建设单位不拨付工程款，不进行竣工验收。

22. A

P41

工程监理单位在实施监理过程中，发现存在安全事故隐患的，应当要求施工单位整改；情况严重的，应当要求施工单位暂时停止施工，并及时报告建设单位。施工单位拒不整改或者不停止施工的，工程监理单位应当及时向有关主管部门报告。工程监理单位和监理工程师应按按照法律、法规和工程建设强制性标准实施监理，并对建设工程安全生产承担监理责任。

23. C

P93

工程预付款起扣点可按公式计算：T＝P－M/N，T 为起扣点，P 为承包工程合同总额，M 为工程预付款数额，N 为主要材料、构件所占比重。则题目中的起扣点为：500－60/60％＝400 万元。

24. B

P123

建设工程项目总进度目标论证的工作步骤如下：（1）调查研究和收集资料；（2）进行项目结构分析；（3）进行进度计划系统的结构分析；（4）确定项目的工作编码；（5）编制各层（各级）进度计划；（6）协调各层进度计划的关系和编制总进度计划；（7）若所编制的总进度计划不符合项目的进度目标，则设法调整；（8）若经过多次调整，进度目标无法实现，则报告项目决策者。

25. D

P125

设计方进度控制的任务是依据设计任务委托合同对设计工作进度的要求控制设计工作进度。

26. C

P126

大型建设工程项目进度计划的层次多一些，而小型项目只需编制施工总进度计划。

27. A

P237

监理人对承包人的试验和检验结果有疑问的，或为查清承包人试验和检验成果的可靠性要求承包人重新试验和检验，可按合同约定由监理人与承包人共同进行。重新试验和检验的结果证明该项材料、工程设备或工程的质量不符合合同要求的，由此增加的费用和（或）工期延误责任由承包人承担；重新试验和检验结果证明该项材料、工程设备和工程符合合同要求，由发包人承担由此增加的费用和（或）工期延误责任，并支付承包人合理利润。

28. B

P128

项目施工的月度施工计划和旬施工作业计划是用于直接组织施工作业的计划，它是实施性施工进度计划。

29. C

P129

横道图进度计划法表达方式较直观，易看懂计划编制的意图。其缺点包括：（1）工序（工作）之间的逻辑关系可以设法表达，但不易表达清楚；（2）适用于手工编制计划；（3）没有通过严谨的进度计划时间参数计算，不能确定计划的关键工作、关键路线与时差；（4）计划调整只能用手工方式进行，其工作量较大；（5）难以适应大的进度计划系统。

30. C

P105

施工预算的编制以施工定额为主要依据，施工图预算的编制以预算定额为主要依据。

31. C

P103

施工成本分析贯穿于施工成本管理的全过程，它是在成本的形成过程中，主要利用施工项目的成本核算资料，与目标成本、预算成本以及类似的施工项目的实际成本进行比较，了解成本的变动情况，同时也要分析主要技术经济指标对成本的影响，系统地研究成本变动的因素，检查成本计划的合理性，并通过成本分析，深入揭示成本变动的规律，寻找降低施工成本的途径，以便有效地进行成本控制。

32. A

P87

合同约定范围内（15%内）的工程款为：200×（1+15%）×5=230×5=1150 万元。超过 15%之后部分工程量的工程款为（260-230）×4=120 万元。则土方工程款合计=1150+120=1270 万元。

33. A

P112

施工成本控制的第一步：比较，是指按照某种确定的方式将施工成本计划值与实际值逐项进行比较，以发现施工成本是否已超支。

34. C

P117

因素分析法可以用来分析各种因素对成本的影响程度。

35. D

P95

第一月完成工程款：30 万元，本月应付款：30×(1-3%)=29.1 万元<30 万元，不签发付款凭证。第二月完成工程款：55 万元，本月应付款：55×(1-3%)=53.35 万元，29.1+53.35=82.45 万元>30 万元，则第二月应签发的实际付款金额为 82.45 万元。

36. C

P88

设备费的索赔可采用机械台班费、机械折旧费、设备租赁费等几种形式。当工作内容增加引起的设备费索赔时，设备费的标准按照机械台班费计算。因窝工引起的设备费索赔，当施工机械属于施工企业自有时，按照机械折旧计算索赔费用；当施工机械是施工企业从外部租赁时，索赔费用的标准按照设备租赁费计算。

37. A

P156

质量体系文件是质量管理体系的重要组成部分，也是企业进行质量管理和质量保证的基础。

38. D

P162

项目开工前应编制测量控制方案，经项目技术负责人批准后实施。

39. C

P169

竣工验收由建设单位组织，验收组由建设、勘察、设计、施工、监理和其他有关方面的专家组成，验收组可下设若干个专业组。

40. A

P170

根据工程质量事故造成的人员伤亡或直接经济损失，工程质量事故分为 4 个等级：(1) 特别重大事故，是指造成 30 人以上死亡，或者 100 人以上重伤，或者 1 亿元以上直接经济损失的事故；(2) 重大事故，是指造成 10 人以上 30 人以下死亡，或者 50 以上 100 人以下重伤，或者 5000 万元以上 1 亿以下直接经济损失的事故；(3) 较大事故，是指造成 3 人以上 10 人以下死亡，或者 10 人以上 50 人以下重伤，或者 1000 万元以上 5000 万元以下直接经济损失的事故；(4) 一般事故，是指造成 3 人以下死亡，或者 10 人以下重伤，或者 100 万元以上 1000 万元以下直接经济损失的事故。

41. C

P176

某些工程质量问题虽然达不到规定的要求或标准，但其情况不严重，对工程或结构的使用及安全影响很小，经过分析、论证、法定检测单位鉴定和设计单位等认可后可不专门作处理。

42. B

P177

监督的基本依据是法律、法规和工程建设强制性标准。

43. B

P178

对工程项目建设中的结构主要部位（如桩基、基础、主体结构等）除进行常规检查外，应在分部工程验收时进行监督，监督检查验收合格后，方可进行后续工程的施工。

44. B

P193

企业员工的安全教育主要有新员工上岗前的三级安全教育、改变工艺和变换岗位安全教育、经常性安全教育三种形式。故选项 A 错误。

项目级安全教育由项目级负责人组织实施，专职或兼职安全员协助。故选项 C 错误。

班组级安全教育由班组长组织实施。故选项 D 错误。

45. C

P134

计算工期是根据网络计划时间参数计算出来的工期。计算工期等于以网络计划的终点节点为箭头节点的各个工作的最早完成时间的最大值。

46. C

P135

工作最迟时间参数受到紧后工作的约束，故其计算顺序应从终点节点起，逆着箭线方向依次逐项计算。最迟开始时间等于各紧后工作的最迟开始时间的最小值。

47. C

P134

总时差是指在不影响总工期的前提下，工作可以利用的机动时间；自由时差是指在不影响其紧后工作最早开始的前提下，工作可以利用的机动时间。本题中，则该工作实际进度比计划进度拖延的时间为：总工期拖延 2d＋总时差 5d＝7d。

48. D

P151

施工生产具有预约性。施工产品不像一般的工业产品那样先生产后交易，只能是在施工现场根据预定的条件进行生产，即先交易后生产。因此，选择设计、施工单位，通过投标、竞标、定约、成交，就成为建筑业物质生产的一种特有的方式。业主事先对这项工程的工期、造价和质量提出要求，并在生产过程中对工程质量进行必要的监督控制。

49. C

P149

选项 A 属于人的因素，选项 B 属于施工作业环境因素，选项 D 属于方法的因素。

50. C

P154

检查就是对照计划，检查执行的情况和效果，及时发现计划执行过程中的偏差和问题。检查一般包括两个方面：一是检查是否严格执行了计划的行动方案，检查实际条件是否发生了变化，总结成功执行的经验，查明没按计划执行的原因；二是检查计划执行的结果，即施工质量是否达到标准的要求，并对此进行评价和确认。

51. A

P216

施工平行承发包，又称为分别承发包，是指发包方根据建设工程项目的特点、项目进展情况和控制目标的要求等因素，将建设工程项目按照一定的原则分解，将其施工任务分别发包给不同的施工单位，各个施工单位分别与发包方签订施工承包合同。

52. B

P156

选项 A 属于事前质量控制，选项 C、D 属于事后质量控制。

53. B

P231

发包人应对其提供的测量基准点、基准线和水准点及其书面资料的真实性、准确性和完整性负责。发包人提供上述基准资料错误导致承包人测量放线工作的返工或造成工程损失的，发包人应当承担由此增加的费用和（或）工期延误责任，并向承包人支付合理利润。

54. A

P245

运至施工场地用于劳务施工的材料和待安装设备，由工程承包人办理或获得保险，且不需要劳务分包人支付保险费用。

55. D

P248

交货日期的确定可以按照下列方式：(1) 供货方负责送货的，以采购方收货戳记的日期为准；(2) 采购方提货的，以供货方按合同规定通知的提货日期为准；(3) 凡委托运输部门或单位运输、送货或代运的产品，一般以供货方发运产品时承运单位签发的日期为准，不是以向承运单位提出申请的日期为准。

56. D

P194

安全宣传教育措施是为了宣传普及有关安全生产法律、法规、基本知识所需要的措施，其主要内容包括：安全生产教材、图书、资料，安全生产展览，安全生产规章制度，安全操作方法训练设施，劳动保护和安全技术的研究与实验等。

57. C

P197

新建、改建、扩建工程的劳动安全卫生设施必须与主体工程同时设计、同时施工、同时投入生产和使用。

58. C

P210

围墙高度按不同地段的要求进行砌筑，市区主要路段和其他设计市容景观路段的工地设置围挡的高度不低于 2.5m，其他工期的围挡高度不低于 1.8m。故选项 A 错误。

集体宿舍与作业区隔离。故选项 B 错误。

设置足够的垃圾池和垃圾桶。故选项 D 错误。

59. B

P205

根据《企业职工伤亡事故分类标准》（GB 6441—86）规定，按照伤害程度分类为：(1) 轻伤，指损失 1 个工作日至 105 个工作日以下的失能伤害；(2) 重伤，指损失工作日等于和超过 105 个工作日的失能伤害，重伤的损失工作日最多不超过 6000 工日；(3) 死亡，指损失工作日超过 6000 工日，这是根据我国职工的平均退休年龄和平均计算出来的。

60. D

P208

事故发生单位及其有关人员有如下违法行为之一的：(1) 谎报或者瞒报事故；(2) 伪造或者故意破坏事故现场；(3) 转移、隐匿资金、财产，或者销毁有关证据、资料；(4) 拒绝接受调查或者拒绝提供有关情况和资料；(5) 在事故调查中作伪证或者指使他人作伪证；(6) 事故发生后逃匿。对事故发生单位处 100 万元以上 500 万元以下的罚款；对主要负责人、直接负责的主管人员和其他直接责任人员处上一年年收入 60%～100%的罚款；属于国家工作人员的，并依法给予处分；构成违反治安管理行为的，由公安机关依法给予治安管理处罚；构成犯罪的，依法追究刑事责任。

61. B

P212

环境保护主要的组织措施包括：(1) 建立施工现场环境管理体系，落实项目经理责任制；(2) 加强施工现场环境的综合治理。

62. A

P214

水污染的处理：(1) 施工现场搅拌站的污水、水磨石的污水等须经排水沟排放和沉淀池沉淀后在排入污水管道或河流；(2) 禁止将有毒有害废弃物作土方回填，避免污染水源；(3) 施工现场存放油料、化学溶剂等设有专门的库房，必须对库房地面和高 250mm 墙面进行防渗处理；(4) 对于现场气焊用的乙炔发生罐产生的污水严禁随地倾倒，要求专用容器集中存放，并导入沉淀池处理，以免污染环境；(5) 施工现场 100 人以上的临时食堂，污水排放时可设置简易有效地隔油池，定期掏油、清理杂物，防止污染水体；(6) 施工现场临时厕所的化粪池应采取防渗措施，防止污染水体；(7) 施工现场化学药品、外加剂等要妥善入库保存，防止污染水体。

63. C

P250

单价合同的特点是单价优先。对于投标书中明显的数字计算错误，业主有权力先作修改再评标，当总价和单价的计算结果不一致时，以单价为准调整总价。业主给出的工程量清单表中的数字是参考数字，而实际工程款则按实际完成的工程量和承包商投标时所报的单价计算。

64. B

P254

成本加固定比例费用合同，是指工程成本中直接费加一定比例的报酬费，报酬部分的比例在签订合同时由双方确定。这种方式的报酬费用总额随成本加大而增加，不利于缩短工期和降低成本。一般在工程初期很难描述工作范围和性质，或工期紧迫，无法按常规编制招标文件招标时采用。

P253

采用成本加酬金合同，承包商不承担任何价格变化或工程量变化的风险，这些风险主要由业主承担。

65. C

P256

对专业分包人的工作和负责的工程，总承包商负有协调和管理的责任，并承担由此造成的损失。所以，专业分包人的工作和负责的工程必须纳入总承包工程的计划和控制中，防止因分包人工程管理失误而影响全局。

66. C

P259

发包人认为有必要时，由监理人通知承包人以计日工方式实施变更的零星工作。其价款按列入已标价工程量清单中的计日工计价子目及其单价进行计算。

67. B

P261

在工程实施过程中发生索赔事件以后，或者承包人发现索赔机会，首先要提出索赔意向，即在合同规定时间内将索赔意向用书面形式及时通知发包人或者工程师，向对方表明索赔愿望、要求或者声明保留索赔权利，这是索赔工作程序的第一步。

68. C

P262

在索赔事件影响结束后的 28d 内，承包人应向监理人递交最终索赔通知书，说明最终要求索赔的追加付款金额和延长的工期，并附必要的记录和证明材料。

69. B

P276

隐蔽工程验收时由专业技术负责人组织施工员、质量检查员共同参加，验收后由监理单位专业监理工程师签署验收意见及验收结论，并签字盖章。

70. B

P280

密级分为绝密、机密、秘密三种。同一案卷内有不同密级的文件，应以高密级为本卷密级。

71. ABCE

P5

施工方项目管理的任务包括：（1）施工安全管理；（2）施工成本控制；（3）施工进度控制；（4）施工质量控制；（5）施工合同管理；（6）施工信息管理；（7）与施工有关的组织与协调。

72. BCD

P20

管理职能分工表是用表的形式反映项目管理班子内部项目经理、各工作部门和各工作岗位对各项工作任务的项目管理职能分工。我国多数企业和建设项目的指挥或管理机构，习惯用岗位责任制的岗位责任描述书来描述每一个工作部门的工作任务。工业发达国家在建设项目管理中广泛应用管理职能分工表，以使管理职能的分工更清晰、更严谨，并会暴露仅用岗位责任描述书时所掩盖的矛盾。故选项 A、E 错误。

73. ABCD

P25

施工组织总设计是以整个建设工程项目为对象而编制的，主要内容包括：(1) 建设项目的工程概况；(2) 施工部署及其核心工程的施工方案；(3) 全场性施工准备工作计划；(4) 施工总进度计划；(5) 各项资源需求量计划；(6) 全场性施工总平面图设计；(7) 主要技术经济指标（项目施工工期、劳动生产率、项目施工质量、项目施工成本、项目施工安全、机械化程度、预制化程度、暂设工程等）。

74. BC

P35

项目经理应具有以下权限：(1) 参与项目招标、投标和合同签订；(2) 参与组建项目经理部；(3) 主持项目经理部工作；(4) 决定授权范围内的项目资金的投入和使用；(5) 制定内部计酬办法；(6) 参与选择并使用具有相应资质的分包人；(7) 参与选择物资供应单位；(8) 在授权范围内协调与项目有关的内、外部关系；(9) 法定代表人授予的其他权力。

75. CE

P54

工程造价管理机构在确定计价定额中企业管理费时，应以定额人工费或（定额人工费＋定额机械费）作为计算基数，其费率根据历年工程造价积累的资料，辅以调查数据确定，列入分部分项工程和措施项目中。

76. ABCD

P168

对质量不符合要求的处理分以下四种情况：(1) 在检验批验收时，其主控项目不能满足验收规范或一般项目超过偏差限值的子项不符合检验规定的要求时，应及时进行处理检验批。其中，严重的缺陷应推倒重来；一般的缺陷通过翻修或更换器具、设备予以解决，应允许在施工单位采取相应的措施后重新验收。(2) 个别检验批发现试块强度等不满足要求等问题，难以确定可否验收时，应请具有法定资质的检测单位鉴定。当鉴定结果能够达到设计要求时，该检验批仍应认为通过验收。(3) 如经检测鉴定达不到设计要求，但经原设计单位核算，仍能满足结构安全和使用功能的情况，该检验批可以予以验收。(4) 更为严重的缺陷或者超过检验批的更大范围内的缺陷，可能影响结构的安全性和使用功能。若经法定检测单位检测鉴定以后认为达不到规范标准的相应要求，即不能满足最低限度的安全储备和使用功能，则必须按一定的技术方案进行加固处理，使之能保证其满足安全使用的基本要求。这样会造成一些永久性的缺陷，如改变结构外形尺寸，影响一些次要的使用功能等，为了避免社会财富更大的损失，在不影响安全和主要使用功能条件下可按处理技术方案和协商文件进行验收。

77. BC

P131

关键路线是总的工作持续时间最长的线路。一个网络计划可能有一条，或几条关键路线。

78. BCE

P38

选项 A 属于组织风险，选项 D 属于经济与管理风险。

79. ABCD

P47

材料费包括：(1) 材料原价；(2) 运杂费；(3) 运输损耗费；(4) 采购及保管费，包括采购费、仓储费、工地保管费、仓储损耗。

80. BCDE

P91

现场签证的范围一般包括：(1) 适用于施工合同范围以外零星工程的确认；(2) 在工程施工过程中发生变更后需要现场确认的工程量；(3) 非施工单位原因导致的人工、设备窝工及有关损失；(4) 符合施工合同规定的非施工单位原因引起的工程量或费用增减；(5) 确认修改施工方案引起的工程量或费用增减；(6) 工程变更导致的工程施工措施费增减等。

81. ABC

P58

《计价规范》规定，分部分项工程量清单应采用综合单价计价。综合单价＝人工费＋材料费＋施工机具使用费＋管理费＋利润。

82. CD

P71

不可避免的中断时间是指由于施工工艺特点引起的工作中断所必需的时间。与施工过程、工艺特点有关的工作中断时间，应包括在定额时间内，但应尽量缩短此项时间消耗。休息时间是工人在工作过程中为恢复体力所必需的短暂休息和生理需要的时间消耗，这种时间是为了保证工人精力充沛地进行工作，所以在定额时间中必须进行计算。

83. DE

P104

选项 A 属于组织措施，选项 B 属于经济措施，选项 C 属于合同措施。

84. BDE

P102

合同文件和成本计划是成本控制的目标，进度报告和工程变更与索赔资料是成本控制过程中的动态资料。

85. BCD

P181

管理体系中的职业健康安全方针体现了企业实现风险控制的总体职业健康安全目标。危险源识别、风险评价和风险控制策划，是企业通过职业健康安全管理体系的运行，实行事故控制的开端。

86. ABD

P219

在施工总承包模式下，在开工前就有较明确的合同价，有利于业主对总造价的早期控制。故选项 C 错误。

项目质量的好坏很大程度上取决于施工总承包单位的选择，取决于施工总承包单位的管理水平和技术水平。业主对施工总承包单位的依赖较大。故选项 E 错误。

87. AC

P239

当工程具备以下条件时，承包人可以向监理人提交竣工验收申请报告：（1）除监理人同意列入缺陷责任期内完成的尾工工程和缺陷修补工作外，合同范围内的全部单位工程以及有关工作，包括合同要求的试验、试运行以及检验和验收均已完成，并符合合同要求；（2）已按合同约定的内容和份数备齐了符合要求的竣工资料；（3）已按监理人的要求编制了在缺陷责任期内完成的尾工工程和缺陷修补工作清单及相应施工计划；（4）监理人要求在竣工验收前应完成的其他工作；（5）监理人要求提交的竣工验收资料清单。

88. BDE

P243

分包人应按照分包合同的约定，对分包工程进行设计、施工、竣工和保修。故选项 A 错误。就分包工程范围内的有关工作，承包人随时可以向分包人发出指令，分包人应执行承包人根据分包合同所发出的所有指令。故选项 C 错误。

89. DE

P221

施工总承包管理模式与施工总承包模式存在一些相同的方面，比如承担的责任和义务，以及分包单位的管理和服务。

90. BCDE

P145

施工进度计划检查后应按下列内容编制进度报告：（1）进度计划实施情况的综合描述；（2）实际工程进度与计划进度的比较；（3）进度计划在实施过程中存在的问题，及其原因分析；（4）进度执行情况对工程质量、安全和施工成本的影响情况；（5）将采取的措施；（6）进度的预测。

91. BCD

P147

为实现施工进度目标，不但应进行进度控制，还应注意分析影响工程进度的风险，并在分析的基础上采取风险管理措施，以减少进度失控的风险量。常见的影响工程进度的风险包括：（1）组织风险；（2）管理风险；（3）合同风险；（4）资源（人力、物力和财力）风险；（5）技术风险等。

92. ACDE

P149

施工质量的影响因素主要有“人（Man）、材料（Material）、机械（Machine）、方法（Method）及环境（Environment）”等五大方面，即4MIE。

93. ABD

P167

分部（子分部）工程质量验收合格应符合以下规定：(1) 分部（子分部）工程所含分项工程的质量均应验收合格；(2) 质量控制资料应完整；(3) 地基与基础、主体结构和设备安装等分部工程有关安全和功能的检验和抽样检测结果应符合有关规定；(4) 观感质量验收应符合要求。

94. ACD

P174

事故调查报告的主要内容包括：工程项目和参建单位概况；事故基本情况；事故发生后所采取的应急防护措施；事故调查中的有关数据、资料；对事故原因和事故性质的初步判断，对事故处理的建议；事故涉及人员与主要责任者的情况等。

95. ABCD

P202

根据安全隐患的内容而采用的安全隐患防范的一般方法包括：(1) 对施工人员进行安全意识的培训；(2) 对施工机具进行有序监管，投入必要的资源进行保养维护；(3) 建立施工现场的安全监督检查机制。

模拟题四

一、单项选择题（共70题，每题1分。每题的备选项中，只有1个最符合题意）

1. 下列关于建设工程项目管理的说法，正确的是（　）。

A. 项目管理的核心任务是项目策划和项目控制

B. 建设工程项目的全寿命周期包括可行性研究阶段、实施阶段和使用阶段

C. 业主方的进度目标是项目动用的时间目标

D. 编制项目设计任务书属于决策阶段的工作

2. 施工方是建设项目的一个重要参与方，下列各项中不能作为施工方的是（　）。

A. 仅提供施工劳务的参与方

B. 施工总承包管理方

C. 分包施工方

D. 建设项目工程总承包方

3. 采用项目结构图对建设工程项目进行分解时，同一个建设工程项目可有不同的项目结构的分解方法，应与将采用的（　）结合。

A. 组织结构　　B. 工程流程　　C. 职能结构　　D. 合同结构

4. 关于施工管理的组织结构模式，下列说法中正确的是（　）。

A. 合同结构图矩形框之间使用直线表示合同关系

B. 职能组织结构中的职能部门不能对非直接的下属部门下达工作指令

C. 组织结构图描述的是各单位、部门之间的组织关系

D. 线性组织结构中，每一个工作部门只有一个上司和一个下属

5. 为了加快施工进度，施工协调部门根据项目经理的要求，落实有关夜间施工条件、组织夜间施工的工作，属于管理职能中的（　）环节。

A. 执行　　B. 检查　　C. 决策　　D. 筹划

6. 施工单位编制分部分项工程施工组织设计的依据是（　）。

A. 施工组织总设计　　B. 全场性施工总平面图设计

C. 单位工程施工组织设计　　D. 施工概况及施工特点分析

7. 下列目标控制措施中属于经济措施的是（　）。

A. 落实加快工程施工进度所需的资金　　B. 调整设计

C. 改变工作流程　　D. 改进施工管理

8. 关于项目目标的动态控制，下列说法中正确的是（　）。

A. 项目管理最基本的方法论是过程控制论

B. 项目目标的动态控制的核心是计划值和实际值的定期比较和纠偏

C. 定期进行目标的计划值和实际值的比较属于主动控制措施

D. 事前分析可能导致目标偏离的各种影响因素属于动态控制措施

9. 根据《建设工程项目管理规范》（GB/T 50326—2006），项目经理的权限包括（　　）。

A. 全权负责组建项目经理部

B. 决定项目范围内资金的投入和使用

C. 制订项目内部计酬办法

D. 选择项目分包人和物资供应单位

10. 某城市轨道交通地下工程项目施工风险管理中，建立了重大风险事件呈报制度，这一做法属于施工风险管理过程中的（　　）

A. 风险识别　B. 风险评估　C. 风险响应　D. 风险控制

11. 下列各项中属于施工中的技术风险的是（　　）

A. 工程物资　B. 气象条件　C. 水文地质条件　D. 事故防范措施和计划

12. 下图所示的事件风险量区域中，风险等级最低的区域是（　　）。

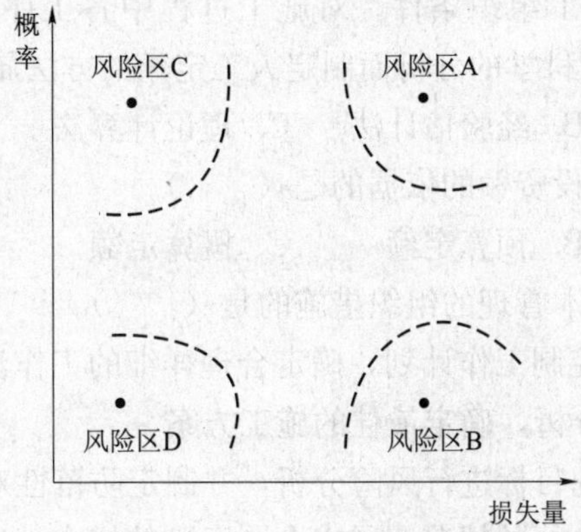

A. 风险区 A　B. 风险区 C　C. 风险区 B　D. 风险区 D

13. 工程监理单位是建筑市场的主体之一，在我国属于国际上（　　）项目管理的范畴。

A. 项目总承包管理方　B. 业主方

C. 设计方　D. 项目总承包方

14. 根据《建筑安装工程费用项目组成》（建标〔2013〕44 号），在施工过程中，施工企业完成建设单位提出的施工图纸以外的零星项目或工作所需的费用计入（　　）。

A. 分部分项工程费　B. 措施项目费

C. 其他项目费　D. 规费

15. 投标时，建筑安装工程费中的（　　）不具备竞争性。

A. 规费和税金　B. 分部分项工程费

C. 措施项目费　D. 其他项目费

16. 根据《标准施工招标文件》，下列时间中承包人可以获得工期和费用补偿，但不能获得利润补偿的是（　）。

A. 施工过程发现文物

B. 发包人的原因导致的工程缺陷和损失

C. 异常恶劣的气候条件

D. 发包人的原因造成工期延误

17. 下列由于不可抗力引起的损失中，由承包人承担的是（　）。

A. 运至施工场地用于施工的材料的损害

B. 因工程损害导致第三方人员伤亡和财产损失

C. 工程所需清理、修复的费用

D. 承包人的施工机械设备损坏

18. 某混凝土搅拌机的台班产量为 $800m^3$，与之配合的工人小组有 4 人，则人工定额为（　）。

A. 0.2 工日/m^3　　B. 0.5 工日/m^3

C. 0.2 工日/$100m^3$　　D. 0.5 工日/$100m^3$

19. 根据生产技术和施工组织条件，对施工过程中各工序的工时消耗等资料进行测定，再对所获得的资料进行科学的分析而制定人工定额的方法属于（　）。

A. 技术测定法　B. 经验估计法　C. 理论计算法　D. 比较类推法

20. 作为确定建设项目投资额的依据的是（　）。

A. 施工定额　B. 预算定额　C. 概算定额　D. 投资估算指标

21. 下列各项中属于成本管理的组织措施的是（　）。

A. 编制施工成本控制工作计划，确定合理详细的工作流程

B. 进行技术经济分析，确定最佳的施工方案

C. 对施工成本管理目标进行风险分析，并制定防范性对策

D. 密切注视合同执行的情况，寻求合同索赔的机会

22. 下列有关施工预算和施工图预算的说法，正确的是（　）。

A. 施工预算的编制以预算定额为主要依据

B. 施工预算是投标报价的主要依据

C. 施工图预算既适用于建设单位，也适用于施工单位

D. 施工图预算是施工企业内部管理用的一种文件

23. 某子项工程估算工程量为 $2500m^3$，经协商合同价为 200 元/ m^3。合同规定业主自第一个月起，从承包人的工程款中按 5％的比例扣留滞留金，监理工程师签发付款最低金额为 10 万元。第一个月实际完成并经监理工程师签证确认的工程量为 500 m^3，则该月监理工程师签发的付款凭证金额是（　）。

A. 47.5 万元　B. 9.5 万元　C. 10 万元　D. 不予签发

24. 根据《生产安全事故报告和调查处理条例》，建设主管部门接到事故报告后，应按规定逐级上报事故情况，每级上报的时间不得超过（　）h。

A. 1　　B. 2　　C. 3　　D. 4

25. 采用过程控制的方法控制施工成本时，下列控制要点的说法，正确的是（　　）。

A. 人工费、材料费按量价分离原则进行控制

B. 材料价格由项目经理负责控制

C. 施工机械使用费由台班数量决定

D. 在确定施工方案之后立刻确定分包的工程范围

26. 用曲线法进行施工成本偏差分析时，在检测时间点上已完工作实际费用曲线与已完工作预算费用曲线的竖向距离表示（　　）。

A. 质量偏差　　B. 投资偏差　　C. 进度偏差　　D. 费用偏差

27. 某土方开挖工程，工程量清单的工程量为 $2400m^3$，合同约定的综合单价为 500 元/m^3，当实际工程量超过清单工程量 10%时可调整单价，调整系数为 0.9。工程结束时实际工程量为 $2800m^3$，则该土方工程的结算价款是（　　）万元。

A. 139.2　　B. 132　　C. 126　　D. 127.2

28. 某工程合同总额 100 万元，工程预付款为 12 万，主要材料、构件所占比重为 60%，则预付款的起扣点为（　　）万元。

A. 12　　B. 20　　C. 60　　D. 80

29. 建设工程项目按不同功能编制的进度计划系统包括（　　）。

A. 总进度规划、子系统进度规划、子系统中的单项工程进度计划

B. 控制性、指导性和实施性进度计划

C. 业主方计划、施工方计划和供货方计划

D. 年度计划、季度计划、月度计划

30. 业主方的项目进度控制任务是控制（　　）的进度。

A. 项目设计阶段　　B. 整个项目实施阶段

C. 项目施工阶段　　D. 整个项目决策阶段

31. 建设工程项目的 5 年建设进度计划属于按不同（　　）编制的进度计划。

A. 深度　　B. 功能　　C. 项目参与方　　D. 周期

32. 某双代号网络计划如下图所示，其关键线路有（　　）条。

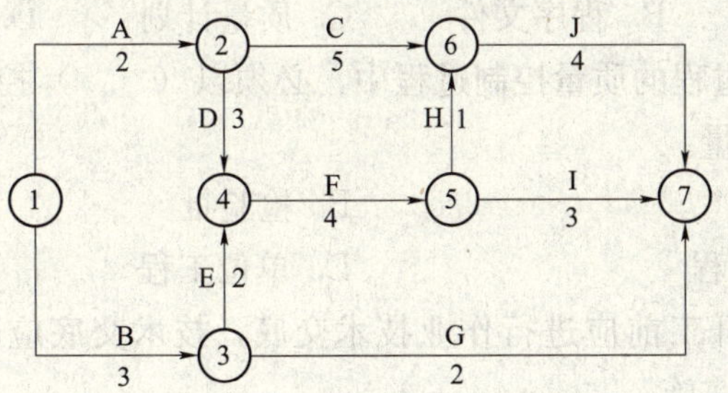

A. 1　　B. 2　　C. 3　　D. 4

33. 某工程网络计划中，工作 F 的最早开始时间为第 12 天，持续时间为 5d，工作 F 有两项紧后工作，它们的最早开始时间分别为第 22 天和第 23 天，最迟开始时间分别为第

24 天和第 27 天，则工作 F 的总时差为（　　）d。

A. 5　　B. 11　　C. 7　　D. 4

34. 双代号时标网络计划中，波形线表示工作的（　　）。

A. 总时差　　B. 相干时差　　C. 工作时间　　D. 自由时差

35. 关于双代号时标网络计划的特点，下列说法正确的是（　　）。

A. 计划调整只能用手工方式进行，工作量较大

B. 不能确定计划的关键工作、关键路线

C. 可以统计每一个单位时间对资源的需求量

D. 不易清楚地表达计划的时间进程

36. 某工程网络计划中工作 M 的总时差为 3d，自由时差为 0。该计划执行过程中，只有工作 M 的实际进度拖后 4d，则工作 M 的实际进度将其紧后工作的最早开始时间推迟和使总工期延长的时间分别为（　　）。

A. 3d 和 0d　　B. 3d 和 1d　　C. 4d 和 0d　　D. 4d 和 1d

37. 下列措施中属于进度控制组织措施的是（　　）。

A. 定义施工进度计划系统的组成

B. 采用工程网络计划的方法编制进度计划

C. 编制与进度计划相适应的资源需求计划

D. 改变施工技术、施工方法

38. 由于工序衔接多，隐蔽工程多，工程项目施工质量具有一定的过程性和隐蔽性，因此施工质量控制应重视（　　）。

A. 竣工预验收　　B. 竣工验收　　C. 过程控制　　D. 事后控制

39. 施工质量保证体系是按照 PDCA 循环的原理实施的，根据项目自身可能存在的质量问题、质量通病以及与国家规范规定的质量标准对比的差距提出质量管理目标，属于 PDCA 循环中的（　　）环节。

A. 计划　　B. 实施　　C. 检查　　D. 计划

40. 阐明一个企业的质量政策、质量体系和质量实践的文件，也是实施和保持质量体系过程中长期遵循的纲领性文件是（　　）。

A. 质量手册　　B. 程序文件　　C. 质量计划　　D. 质量记录

41. 工程项目施工过程的质量控制过程中，必须以（　　）控制为基础和核心，才能确保施工项目的实体质量。

A. 工序　　B. 检验批

C. 分部分项工程　　D. 单位工程

42. 每一分部工程开工前应进行作业技术交底，技术交底应由施工项目技术人员编制，并经（　　）批准实施。

A. 项目技术负责人　　B. 项目经理

C. 施工企业技术负责人　　D. 业主代表

43. 在建设工程施工检验批的质量验收中，（　　）是对检验批的基本质量起决定性

影响的检验项目。

A. 关键工序　　　　　　　　　　B. 一般项目

C. 质量控制资料　　　　　　　　D. 主控项目

44. 按质量事故产生的原因分类，由于施工企业中标后依靠修改方案追加工程款而导致出现的质量事故属于（　　）原因引发的质量事故。

A. 技术　　B. 组织　　C. 管理　　D. 社会、经济

45. 某检验批在验收时经检测鉴定达不到设计要求，但经原设计单位核算，仍能满足结构安全和使用功能的情况，则适宜的处理方式是（　　）。

A. 予以验收　　B. 返修处理　　C. 加固处理　　D. 推倒重来

46. 某钢盘混凝土结构工程的框架柱结构出现裂缝，经调查分析，其承载力满足设计要求，不影响结构的安全和使用，则对该框架柱质量问题一般的处理方式是（　　）。

A. 加固处理　　B. 修补处理　　C. 返工处理　　D. 不作处理

47. 政府质量监督部门对施工中发生严重问题的单位可以采取的处罚是（　　）。

A. 签发吊销营业执照通知单　　　B. 签发吊销企业资质通知单

C. 签发临时收缴资质证书通知书　D. 下达企业资质降级通知书

48. 列关于安全生产教育培训制度的说法，正确的是（　　）。

A. 企业新员工上岗时，必须进行三级安全教育

B. 施工企业安全生产教育培训只针对企业员工和特种作业人员

C. 特种人员通过专门的操作技能的培训教育且考核合格后即可上岗

D. 企业新员工按规定通过三级安全教育考核合格后即可上岗

49. 下列分部分项工程的专项施工方案中，需要组织专家进行论证、审查的是（　　）。

A. 拆除、爆破工程　　　　　　B. 手脚架工程

C. 地下暗挖工程　　　　　　　D. 起重吊装工程

50. 道路上有一个坑，既要设防护栏及警告牌，又要设照明及夜间警示红灯，体现了施工安全隐患处理的（　　）原则。

A. 冗余安全度处理　　　　　　B. 单项隐患综合处理

C. 预防与减灾并重处理　　　　D. 动态处理

51. 建立各级文明施工岗位责任制，属于施工现场文明施工的（　　）措施。

A. 组织　　B. 管理　　C. 经济　　D. 技术

52. 施工项目一旦发生安全事故，必须实施“四不放过”原则，落实该原则的核心环节是（　　）。

A. 事故处理　　B. 事故登记　　C. 事故分析　　D. 事故上报

53. 下列施工成本管理工作中，属于施工成本预测的是（　　）。

A. 根据成本信息和项目具体情况，在工程施工前对成本进行估算

B. 编制施工项目在计划期内的生产费用

C. 计算实际成本护和计划成本之间的差异

D. 分析主要技术经济指标对成本的影响

54. 某公路工程施工过程中，由于火药爆炸导致直接经济损失 35 万元，5 人死亡，根据《生产安全事故报告和调查处理条例》，该事故属于（　　）。

A. 一般事故　B. 较大事故　C. 重大事故　D. 特别重大事故

55. 在居民密集区使用打桩机进行施工作业时，不宜施工的时间是（　　）

A. 晚间 22 时到早晨 6 时　B. 晚间 21 时到早晨 7 时

C. 晚间 21 时到早晨 6 时　D. 晚间 22 时到早晨 7 时

56. 施工平行承发包模式在合同管理方面的特点是（　　）。

A. 施工单位数量较少，对业主合同管理有利

B. 业主只需要一次招标，合同管理量较小

C. 业主要负责对多个合同的跟踪管理，工作量较大

D. 符合“他人控制”原则，对业主合同管理有利

57. 关于固定总价合同的说法，正确的是（　　）。

A. 采用固定总价合同，双方结算比较简单，但承包商承担了较大的风险

B. 工程变更会引起费用增加，不利于发包人的投资控制

C. 固定造价合同适用于工程结构和技术复杂的工程

D. 在固定总价合同中，承包人承担工程量风险主要是材料价格上涨

58. 承包人提出提前竣工的建议能够给发包人带来效益，监理人与承包人共同协商采取加快工程进度的措施和修订合同进度计划，由此增加费用应由（　　）承担。

A. 发包人　B. 承包人　C. 监理人　D. 政府主管部门

59. 承包人按照专用合同条款的规定份数和期限向监理人提交竣工付款申请单的时间是（　　）。

A. 工程接受证书颁发前　B. 工程接受证书颁发后

C. 缺陷责任期终止证书颁发前　D. 缺陷责任期终止证书颁发后

60. 物资采购合同中应该明确所采用的计量方法与计量单位，对于没有国家、行业或地方规定的计量标准的产品，计量单位应采用（　　）的计量标准。

A. 供货单位　B. 采购单位　C. 行业惯例　D. 当事人协商

61. 成套设备安装后的试车检验不合格，下列说法正确的是（　　）。

A. 若属于设备质量的原因，由供货方负责修理、更换，由安装方承担全部费用

B. 若属于设备质量的原因，由供货方负责修理、更换，并承担全部费用

C. 若由于工程施工质量问题，由供货方负责拆除后纠正缺陷

D. 若由于工程施工质量问题，由施工方负责拆除后纠正缺陷

62. 在固定总价合同形式下，下列应当由业主承担的风险是（　　）。

A. 物价和人工费上涨　B. 报价计算错误

C. 工程任务增加　D. 工程量计算错误

63. 在招标时，当图纸、规范准备不充分，不能据以确定合同价格，而仅能制订一个估算指标时，宜采用（　　）合同。

A. 成本加固定费用　　B. 成本加固定比例费用
C. 成本加奖金　　D. 最大成本加费用

64. 下列工作属于承包单位针对合同实施偏差情况，对施工合同实施趋势进行分析的是（　　）。

A. 分析业主对合同偏差的态度　　B. 分析组织结构的变化
C. 分析建设监理管理的严格程度　　D. 分析最终工程经济效益水平

65. 某工程实施过程中出现零星附加工作，监理工程师发出指令按计日工施工，则这一部分工作应从（　　）中支付。

A. 暂列金额　　B. 材料暂估价
C. 专业工程暂估价　　D. 总承包服务费

66. 下列材料属于索赔意向通知内容的是（　　）。

A. 索赔金额　　B. 承包人为该索赔事项付出的附加开支
C. 索赔工期的计算　　D. 索赔依据

67. 下列信息属于施工记录信息的是（　　）。

A. 施工日志　　B. 竣工图
C. 施工试验记录　　D. 设备安装工程记录

68. 建设工程实行质量保修制度，（　　）在向建设单位提交工程竣工验收报告时，应当向建设单位出具质量保修书。

A. 监理单位　　B. 工程承包单位
C. 设计单位　　D. 设备供应单位

69. 按照我国现行规定，对于不同工程或施工单位之间的工程交接，当在总包管理范围内的分包单位之间移交时，见证单位应为（　　）。

A. 监理单位　B. 总包单位　C. 建设单位　D. 政府质量监督部门

70. 工程档案保管期限中的长期期限是指（　　）。

A. 工程档案保存 20 年以上
B. 工程档案保存 10 以上 20 年以下
C. 工程档案保存 50 年以上
D. 工程档案的保存期限等于该工程的使用寿命

二、多项选择题（每题有 2 个以上答案正确，至少有 1 个错项，错选，该题不得分，漏选，所选每个选项得 0.5 分）

71. 在建设工程项目各参与单位中，目标中涉及项目的投资目标或者任务中包括对项目总投资或总造价进行目标管理的单位有（　　）。

A. 业主方　B. 设计方　C. 施工方　D. 供货方
E. 项目总承包方

72. 下列关于项目管理工作任务分工表的说法，正确的是（　　）。

A. 工作任务分工表反映组织系统的动态关系

B. 一个工程项目只能编制一张工作任务分工表

C. 工作任务分工表可以在项目进展过程中不断调整

D. 工作任务分工表是项目的组织设计文件之一

E. 编制工作任务分工表的目的是明确项目经理的工作

73. 下列有关施工组织设计的表述，正确的有（　）。

A. 施工平面图是施工方案及施工进度计划在空间上的全面安排

B. 施工组织总设计是施工单位编制分部（分项）工程施工组织设计的依据

C. 合理安排施工顺序属于施工组织设计中进度计划部分的内容

D. 对于简单工程，可以只编制施工方案及施工进度计划和施工平面图

E. 指导全局性施工的技术和经济纲要是施工总进度计划

74. 根据《建设工程项目管理规范》（GB/T 50326—2006），项目经理的职责有（　）。

A. 对资源进行动态管理

B. 建立各种专业管理体系，并组织实施

C. 主持编制项目管理实施规划

D. 进行整个项目的利益分配

E. 组织项目的检查、鉴定和评奖申报工作

75. 根据《建设工程监理规范》（GB 50319—2013），编制工程建设监理规划和实施细则应遵循的程序和依据是（　）。

A. 建设监理规划在收到设计文件后开始编制，在签定委托监理合同前编制完成

B. 建设监理实施细则应由总监理工程师审批

C. 建设监理规划必须经监理单位技术负责人审核批准

D. 建设监理规划应由总监理工程师主持编制

E. 建设监理规划应依据施工组织设计编制

76. 根据建筑安装工程费用组成的现行规定，下列费用中属于规费的是（　）。

A. 施工排水降水费　　B. 工伤保险费

C. 住房公积金　　D. 财产保险费

E. 医疗保险费

77. 下列关于工程量清单作用的说法，正确的有（　）。

A. 工程量清单是建设工程计价的依据

B. 工程量清单是工程付款和结算的依据

C. 工程量清单使得投标内容、数量竞争差异化

D. 工程量清单是调整工程价款的依据

E. 工程量清单是处理工程索赔的依据

78. 影响周转性材料消耗的因素有（　）。

A. 一次使用量　　B. 周转材料摊销量

C. 周转使用次数　　D. 周转材料的回收折价

E. 保管损耗

79. 关于施工成本计划编制的说法，正确的有（　　）。

A. 在编制施工成本支出计划时，只需在项目总的方面考虑不可预见费

B. 按项目组成编制成本计划时，成本分解的次序为单位工程、单项工程、分部工程、分项工程

C. 施工成本计划可以按施工成本组成编制

D. 施工成本计划的编制以成本预测为基础，关键是确定目标成本

E. 按进度编制的施工成本计划可以用“时间—成本累积曲线”来表示

80. 下列导致施工费用产生偏差的事件中，属于业主原因的有（　　）。

A. 建设手续不全

B. 施工方案不当

C. 协调不佳

D. 法规变化

E. 投资规划不当

81. 承包人根据办理的竣工文件，向发包人提交的竣工结算款支付的申请应包括的内容有（　　）。

A. 已实际支付的预付款

B. 竣工结算合同价款总额

C. 累计已实际支付的合同价款

D. 应扣留的质量保证金

E. 实际应支付的竣工结算款金额

82. 控制性施工进度计划的作用包括（　　）。

A. 确定施工的总体部署

B. 确定施工里程碑事件的进度

C. 确定进度控制的工作流程

D. 确定进度控制的管理职能分工

E. 对施工进度目标进行再论证

83. 在工程网络计划中，关键工作是指（　　）的工作。

A. 单代号网络计划中与紧后工作之间时间间隔为零

B. 最迟完成时间与最早完成时间的差值最小

C. 双代号时标网络计划中无波形线

D. 最迟开始时间与最早开始时间的差值最小

E. 双代号网络中持续时间最长

84. 施工进度计划的调整包括（　　）。

A. 调整资源提供条件

B. 调整工序起止时间

C. 调整工作关系

D. 调整项目质量标准

E. 调整工程计划造价

85. 关于施工质量的影响因素，下列说法中正确的有（　　）。

A. 施工质量的影响因素包括人、材料、机械、方法和环境

B. 加强材料质量控制是保证工程质量的重要基础

C. 施工质量控制应以人的因素为基本出发点

D. 机械设备包括工程设备、施工机械和施工工器具

E. 各参建施工单位之间的协调属于施工作业环境因素

86. 下列施工现场质量检查，属于实测法检查的有（　　）。

A. 肉眼观察墙面喷涂的密实度

B. 用敲击工具检查地面砖铺贴的密实度

C. 用直尺检查地面的平整度

D. 用锤吊线检查墙面的垂直度

E. 现场检测混凝土试件的抗压强度

87. 按照我国相关规范的规定，对于质量缺陷可以不做处理的情况包括（　　）。

A. 不影响结构安全、生产工艺和使用要求的

B. 后道工序可以弥补的

C. 法定检测单位鉴定达不到设计要求，但经设计单位核算能满足结构安全和使用功能的

D. 质量缺陷修补后无法保证达到安全使用的要求而又无法返工的

E. 质量缺陷不具备补救可能性

88. 工程项目开工前，监督机构进行第一次监督检查工作，检查的内容包括（　　）。

A. 检查各方的质量责任制度　　B. 审查各方的工程经营资质

C. 审查开工报告的内容　　D. 审查施工组织设计

E. 审查招投标文件是否规范

89. 下列关于职业健康安全管理体系与环境管理体系的运行的说法，正确的有（　　）。

A. 为保证体系的正确有效地运行，必须严格监测体系的运行情况

B. 内部审核是管理体系自我保证和自我监督的一种机制

C. 合规性评价在公司级、项目级、班组级三个层次进行

D. 管理评审是由监管机构对管理体系的系统评价

E. 程序文件在施工企业内部具有法定效力，必须严格执行

90. 下列资料属于施工成本控制的主要依据的有（　　）。

A. 工程变更　　B. 进度报告　　C. 索赔资料　　D. 施工成本计划

E. 工程承包合同

91. 下列关于施工现场噪声污染的处理方法，正确的有（　　）。

A. 加强各种机械设备的维修保养

B. 在人口密集区严禁夜间施工

C. 制作门窗尽量放在工厂车间生产

D. 尽量选用低噪声设备

E. 合理布局施工场地，优化运输方案

92. 下列关于施工总承包和施工总承包管理模式的说明，正确的是（　　）。

A. 采用施工总承包模式时，分包合同由业主与分包单位直接签订，需经过施工

总承包管理单位的认可

B. 采用施工总承包管理模式时，分包合同由业主与分包单位直接签订，需经过施工总承包管理单位的认可

C. 采用施工总承包模式时，分包单位可以由施工总承包单位选择，需要业主认可

D. 采用施工总承包管理模式时，分包单位可以由施工总承包单位选择，需要业主方认可

E. 施工总承包或施工总承包管理都有责任对分包人的质量、进度进行控制

93. 根据《建设工程施工劳务分包合同》（GF 2003—0214），在劳务分包人施工前，工程承包人应完成的工作有（　）。

A. 向劳务分包人提供相应的工程资料和施工场地、生产生活设施

B. 编制施工组织设计和年、季月计划，科学安排作业计划

C. 为劳务分包人从事危险作业的职工办理意外伤害保险

D. 为劳务分包人的施工机械办理保险手续

E. 对劳务分包人递交的结算资料确认后 14d 内支付劳务报酬尾款

94. 对于采用变动总价计价的施工合同，在合同中通常可以约定调整合同价款的情况有（　）。

A. 估计工程量误差

B. 设计变更导致工程量发生变化

C. 工程条件发生变化

D. 通货膨胀使工料成本增加超过一定幅度

E. 政府政策变化影响到合同价款

95. 索赔成立应该同时具备的条件有（　　）。

A. 与合同对照，事件已造成承包人工程项目成本的额外支出或直接工期损失

B. 造成费用增加或工期损失的原因，按合同约定不属于承包人的行为责任或风险责任

C. 承包人按合同规定的程序和时间提交索赔意向通知和索赔报告

D. 符合工程惯例

E. 必须由业主、工程师、承包商三方达成一致意见

答案及解析

1. C

P1

建设项目管理的核心任务是项目的目标控制，故选项 A 错误。

P2

建设工程项目的全寿命周期包括项目的决策阶段、实施阶段和使用阶段。故选项 B 错误。

P3

见图 2Z101011，编制项目建议书属于决策阶段的任务，编制设计任务书属于设计准备阶段的任务。故选项 D 错误。

2. D

P5

施工方是承担施工任务单位的总称谓，它可能是施工总承包方、施工总承包管理方、分包施工方、建设工程总承包的施工任务执行方或仅仅提供施工劳务的参与方。

3. D

P10

同一个建设工程项目可有不同的项目结构的分解方法，项目结构的分解应和整个工程实施的部署相结合，并和将采用的合同结构相结合。

4. C

P13

合同结构图中，矩形框之间使用双向箭线反映一个建设项目参与单位之间的合同关系。故选项 A 错误。

P14

在职能组织结构中，每一个职能部门可能根据它的管理职能对其直接或非直接的下属工作部门下达工作指令。故选项 B 错误。

线性组织结构中，每一个工作部门只能对其直接的下属部门下达工作指令，每一个工作部门也只有一个直接的上级部门。选项 D 错误。

5. A

P20

执行即执行决策，见图 2Z101024。

6. C

P26

单位工程施工组织设计用以直接指导单位工程的施工活动，是施工单位编制分部（分项）工程施工组织设计和季、月、旬施工计划的依据。

7. A

P29

选项 B 属于技术措施，选项 C 属于组织措施，选项 D 属于管理措施。

8. B

P28

项目实施过程中必须随着情况的变化进行项目目标的动态控制，项目目标动态控制是项目管理最基本的方法论。故选项 A 错误。

P29

事前的主动控制，即事前分析可能导致项目目标偏离的各种影响因素，并针对这些影响因素采取有效的预防措施。故选项 C、D 错误。

9. C

P35

项目经理应具有以下权限：(1) 参与招标、投标和合同签订；(2) 参与组建项目经理部；(3) 主持项目经理部工作；(4) 决定授权范围内的项目资金的投入和使用；(5) 制订内部计酬办法；(6) 参与选择并使用具有相应资质的分包人；(7) 参与选择物资供应单位；(8) 在授权范围内协调与项目相关的内、外部关系；(9) 法定代表人授予的其他权力。

10. D

P39

风险控制是指在施工进展过程中应收集和分析与风险相关的各种信息，预测可能发生的风险，对其进行监控并提出预警。

11. A

P38

选项 B、C 属于工程环境风险，选项 D 属于经济与管理风险。

12. D

P37

风险区 A 为 5 等风险，风险区 B、C 为 3 等风险，风险区 D 为 1 等风险。

13. B

P40

工程监理单位是建筑市场的主体之一，建设工程监理是一种高智能的有偿技术服务。在国际上把这类服务归为工程咨询（工程顾问）服务。我国的建设工程监理属于国际上业主方项目管理的范畴。

14. C

P51

其他项目费包括暂列金额、计日工、总承包服务费，计日工是指在施工过程中，施工企业完成建设单位提出的施工图纸以外的零星项目或工作所需。

15. A

P56

建设单位和施工企业均应按照找省、自治区、直辖市或行业建设主管部门发布的标准计算规费和税金，不得作为竞争性费用。

16. A

P89

见表 2Z102035。

17. D

P85

因不可抗力事件导致的人员伤亡、财产损失及其费用增加，发承包双方应按以下原则分别承担并调整合同价款和工期。(1) 合同工程本身的损害、因工程损害导致第三方人员伤亡和财产损失以及运至施工场地用于施工的材料和待安装的设备的损害，由发包人承担；（2）发包人、承包人人员伤亡由其所在单位负责，并承担相应费用；（3）承包人的施工机械设备损坏及停工损失，由承包人承担；（4）停工期间，承包人应发包人的要求留在施工场地的必要的管理人员及保卫人员的费用由发包人承担；（5）工程所需清理、修复费用，由发包人承担。

18. D

P72

人工定额按表现形式的不同，可分为时间定额和产量定额两种形式。时间定额（工日/m^3）＝小组成员工日数总和/机械台班产量＝4/800＝0.005 工日/m^3＝0.5 工日/$100m^3$

19. A

P72

技术测定法是根据生产技术和施工组织条件，对施工过程中各工序采用测时法、写实记录法、工作日写实法，测出各工序的工时消耗等资料，再对所获得的资料进行科学的分析，制订出人工定额的方法。

20. C

P68

概算定额是编制扩大初步设计概算、确定建设项目投资额的依据。

21. A

P104

选项 B 为技术措施，选项 C 为经济措施，选项 D 为合同措施。

22. C

P105

施工预算的编制以施工定额为主要依据，施工图预算的编制以预算定额为主要依据，故选项 A 错误。

P106

施工预算是施工企业组织生产、编制施工计划、准备现场材料、签发任务书、考核功效、进行经济核算的依据，施工图预算则是投标报价的主要依据。故选项 B 错误。

施工预算是施工企业内部管理使用的一种文件，与建设单位无直接关系；而施工图预算既适用于建设单位，又适用于施工单位。故选项 D 错误。

23. D

P95

工程量价款为：500×200＝10 万元。应签证工程款为 10×（1－5%）＝9.5 万元。由于监理工程师签发付款最低金额为 10 万元，故本月监理工程师不予签发付款凭证。

24. B

P206

建设主管部门接到事故报告后，应当按照规定上报事故情况，并通知安全生产监督管理部门、公安机关、劳动保障行政主管部门、工会和人民检察院。建设主管部门逐级上报事故情况时，每级上报的时间不得超过 2h。

25. A

P113

材料价格主要由材料采购部门控制。故选项 B 错误。

P114

施工机械使用费主要由台班数量和台班单价两方面决定。故选项 C 错误。

项目经理部应在确定施工方案的初期就要确定需要分包的工程范围。故选项 D 错误。

26. D

P115

费用偏差＝已完工作预算费用－已完工作实际费用；进度偏差＝已完工作预算费用－计划工作预算费用。

27. A

P87

合同约定范围（10％）内的工程款为：2400×(1＋10％)×500＝132 万元，超过 10％之后部分工程量的工程款为：［2800－2400×(1＋10％)］×500×0.9＝7.2 万元，则工程总的结算价款为：132＋7.2＝139.2 万元。

28. D

P93

起扣点 T＝P－M/N＝100－12/60％＝80 万元

29. B

P123

选项 A 为按不同深度编制的进度计划，选项 C 为按不同项目参与方编制的进度计划，选项 D 为按不同周期编制的进度计划。

30. B

P125

业主方进度控制的任务是控制整个项目实施阶段的进度，包括控制设计准备阶段的工作进度、设计工作进度、施工工作进度、物资采购工作进度以及项目动用前准备阶段的工作进度。

31. D

P124

有不同周期的计划构成的进度计划系统包括：（1）5 年建设进度计划；（2）年度、季度、月度和旬计划等。

32. B

关键线路为 1－2－4－5－6－7，或 1－3－4－5－6－7。

33. C

P134

总时差为在不影响总工期的前提下，可以利用的机动时间。不影响总工期的前提下，工作 F 的最迟开始时间为：min{紧后工作最迟开始时间 24，27}－持续时间 5＝19，则工作 F 的总时差为：最迟开始时间 19－最早开始时间 12＝7d。

34. D

P142

时标网络计划应以实箭线表示工作，以虚箭线表示虚工作，以波形线表示工作的自由时差。

35. C

P142

双代号时标网络计划的主要特点如下：(1) 时标网络计划兼有网络计划与横道计划的优点，它能够清楚地表明计划的时间进程，使用方便；(2) 时标网络计划能在图上直接显示出各项工作的开始与完成时间，工作的自由时差及关键线路；(3) 在时标网络计划中可以统计每一个单位时间对资源的需要量，以便进行资源优化和调整；(4) 由于箭线受到时间坐标的限制，当情况发生变化时，对网络计划的修改比较麻烦，往往要重新绘图，但在使用计算机以后，这一问题已较容易解决。

36. D

P134

总时差是指在不影响总工期的前提下可以利用的机动时间，自由时差是指在不影响其紧后工作最早开始的前提下可以利用的机动时间。则工作 M 的实际进度将其紧后工作的最早开始时间推迟为：自由时差 0－实际拖延 4＝4d，使总工期延长的时间为：总时差 3－实际拖延 4＝1d。

37. A

P145

选项 B 属于管理措施，选项 C 属于经济措施，选项 D 属于技术措施。

38. C

P152

工程项目在施工过程中，由于工序衔接多、中间交接多、隐蔽工程多，施工质量具有一定的过程性和隐蔽性。在施工质量控制工作中，必须加强对施工过程的质量检查，及时发现和整改存在的质量问题，避免事后从表面进行检查。过程结束后的检查难以发现在过程中产生、又被隐蔽了的质量隐患。

39. A

P154

计划包括质量管理目标的确定和质量保证工作计划。

40. A

P155

质量手册是阐明一个企业的质量政策、质量体系和质量实践的文件，是实施和保持质量体系过程中长期遵循的纲领性文件。

41. A

P162

施工过程是由一系列相互联系与制约的工序构成，工序是人、材料、机械设备、施工方法和环境因素对工程质量综合起作用过程，所以对施工过程的质量控制，必须以工序质量控制为基础和核心。

42. A

P162

项目开工前应由项目技术负责人向承担施工的负责人或分包人进行书面技术交底，技术交底资料应办理签字手续并归档保存。每一分部工程开工前均应进行作业技术交底。技术交底应由施工项目技术人员编制，并经项目技术负责人批准实施。

43. D

P167

检验批的合格质量主要取决于对主控项目和一般项目的检验结果。主控项目是对检验批的基本质量起决定性影响的检验项目。

44. D

P171

社会、经济原因引发的质量事故，是指由于经济因素及社会上存在的弊端和不正之风引起建设中的错误行为，而导致出现质量事故。

45. A

P168

对质量不符合要求的处理分以下四种情况：(1) 在检验批验收时，其主控项目不能满足验收规范或一般项目超过偏差限值的子项不符合检验规定的要求时，应及时进行处理检验批。其中，严重的缺陷应推倒重来；一般的缺陷通过翻修或更换器具、设备予以解决，应允许在施工单位采取相应的措施后重新验收。(2) 个别检验批发现试块强度等不满足要求等问题，难以确定可否验收时，应请具有法定资质的检测单位鉴定。当鉴定结果能够达到设计要求时，该检验批仍应认为通过验收。(3) 如经检测鉴定达不到设计要求，但经原设计单位核算，仍能满足结构安全和使用功能的情况，该检验批可以予以验收。(4) 更为严重的缺陷或者超过检验批的更大范围内的缺陷，可能影响结构的安全性和使用功能。若经法定检测单位检测鉴定以后认为达不到规范标准的相应要求，即不能满足最低限度的安全储备和使用功能，则必须按一定的技术方案进行加固处理，使之能保证其满足安全使用的基本要求。

46. B

P175

当工程的某些部分的质量虽未达到规定的规范、标准或设计的要求，存在一定的缺陷，但经过修补后可以达到要求的质量标准，又不影响使用功能或外观的要求，可采取修补处理的方法。

47. C

P178

政府质量监督部门根据质量监督检查的状况，对查实的问题可签发“质量问题整改通知单”或“局部暂停施工指令单”，对问题严重的单位也可根据问题的性质签发“临时收缴资质证书通知书”等处理意见。

48. A

P192

施工企业安全生产教育培训一般包括对管理人员、特种作业人员和企员工的安全教育。故选项 B 错误。

P193

特种作业人员上岗作业前，必须进行专门的安全技术和操作技能的培训教育。培训后，经考核合格方可取得操作证。故选项 C 错误。

企业新员工必须按规定通过三级安全教育和实际操作训练，并经考核合格后方可上岗。故选项 D 错误。

49. C

P195

对于涉及深基坑、地下暗挖工程、高大模板工程的专项施工方案，施工单位应组织专家进行论证、审查。

50. A

P200

冗余安全度处理原则，即为确保安全，在处理安全隐患时应考虑设置多道防线。

51. A

P209

文明施工的组织措施包括建立文明施工的管理组织，健全文明施工的管理制度。

52. A

P207

事故处理是落实“四不放过”原则的核心环节。当事故发生后，事故发生单位应当严格保护事故现场，做好标识，排除险情，采取有效措施抢救伤员和财产，防止事故蔓延扩大。

53. A

P100

选项 B 属于施工成本计划的工作，选项 C 属于施工成本控制的工作，选项 D 属于施工成本分析的工作。

54. B

P205

（1）特别重大事故：30 人以上死亡，或者 100 人以上重伤，或者 1 亿元以上直接经济损失的事故。（2）重大事故：10 人以上 30 人以下死亡，或者 50 人以上 100 人以下重伤，或者 5000 万元以上 1 亿元以下直接经济损失的事故。（3）较大事故：3 人以上 10 人以下死亡，或者 10 人以上 50 人以下重伤，或者 1000 万元以上 5000 万元以下直接经济损失的事故。（4）一般事故，3 人以下死亡，或者 10 人以下重伤，或者 1000 万元以下直接经济损失。

55. A

P214

凡在居民密集区进行强噪声施工作业时，要严格控制施工作业时间，一般避开晚 10 时到次日早 6 时的作业。

56. C

P217

施工平行承发包的特点为：(1) 费用控制。对每一部分工程施工任务的发包，都以施工图设计为基础，投标人进行投标报价较有依据，工程的不确定性程度降低了，对合同双方的风险也相对降低了；每一部分的施工，发包人都可以通过招标选择最好的施工单位承包，对降低工程造价有利；对业主来说，要等最后一份合同签订后才知道整个工程的总造价，对投资的早期控制不利。(2) 进度控制。某一部分施工图完成后，即可开始这部分工程的招标，开工日期提前，可以边设计边施工，缩短建设周期；由于要进行多次招标，业主用于招标的时间较多；工程总进度计划和控制由业主负责，由不同单位承包的各部分工程之间的进度计划及其实施的协调由业主负责。(3) 质量控制。对某些工作而言，符合质量控制上的“他人控制”原则，不同分包单位之间能够形成一定的控制和制约机制，对业主的质量控制有利；合同交互界面比较多，应非常重视各合同之间界面的定义，否则对项目的质量控制不利。(4) 合同管理。业主要负责所有施工承包合同的招标、合同谈判、签约，招标工作量大，对业主不利；业主在每个合同中都会有相应的责任和义务，签订的合同越多，业主的责任和义务就越多；业主要负责对多个施工承包合同的跟踪管理，合同管理工作量大。(5) 组织与协调。业主直接控制所有工程的发包，可决定所有工程的承包商的选择；业主要负责对所有承包商的组织与协调，承担类似于总承包管理的角色，工作量大，对业主不利；业主方可能需要配备较多的人力和精力进行管理，管理成本高。

57. A

P251

采用固定总价合同，承包商的风险主要有两个方面：一是价格风险，二是工作量风险。故选项 D 错误。

对业主而言，在合同签订时就可以基本确定项目的总投资额，对投资控制有利。故选项 B 错误。

固定总价合同适用于以下情况：(1) 工程量小、工期短，估计在施工过程中环境因素变化小，工程条件稳定并合理；(2) 工程设计详细，图纸完整、清楚，工程任务和范围明确；(3) 工程结构和技术简单，风险小；(4) 投标期相对宽裕，承包商可以有充足的时间详细考察现场，复核工程量，分析招标文件，拟定施工计划；(5) 合同条件中双方的权利和义务十分清楚，合同条件完备。故选项 C 错误。

58. A

P235

发包人要求承包人提前竣工，或承包人提出提前竣工的建议能够给发包人带来效益的，应由监理人与承包人共同协商采取加快工程进度的措施和修订合同进度计划。发包人应承担承包人由此增加的费用，并向承包人支付专用合同条款约定的相应奖金。

59. B

P238

工程接收证书颁发后，承包人应按专用合同条款约定的份数和期限向监理人提交竣工付款申请单，并提供相关证明材料。

60. D

P246

合同中应该明确所采用的计量方法，并明确计量单位。凡国家、行业或地方规定有计量标准的产品，合同中应按照统一标准注明计量单位，没有规定的，可由当事人协商执行，不可以用含混不清的计量单位。

61. B

P249

若检验不合格，属于设备质量原因，由供货方负责修理、更换并承担全部费用；如果由于工程施工质量问题，由安装单位负责拆除后纠正缺陷。

62. C

P21

采用固定总价合同，承包商主要承担价格风险和工作量风险。

63. C

P254

在招标时，当图纸、规范准备不充分，不能据以确定合同价格，而仅能制定一个估算指标时可以采用成本加奖金的合同形式。

64. D

P256

针对合同实施偏差情况，可以采取不同的措施，应分析在不同措施下合同执行的结构与趋势，包括：(1) 最终的工程状况，包括总工期的延误、总成本的超支、质量标准、所能达到的生产能力（或功能要求）等；(2) 承包商将承担什么样的后果，如被罚款、被清算，甚至被起诉，对承包商资信、企业形象、经营战略的影响等；(3) 最终工程经济效益（利润）水平。

65. A

P259

采用计日工计价的任何一项变更工作，应从暂列金额中支付。

66. D

P261

索赔意向通知要简明扼要地说明以下四个方面的内容：(1) 索赔事件发生的时间、地点和简单事实情况描述；(2) 索赔事件的发展动态；(3) 索赔依据和理由；(4) 索赔事件对工程成本和工期产生的不利影响。

67. A

P267

施工信息内容包括施工记录信息和施工技术资料信息。选项 B、C、D 属于施工技术资料信息。

68. B

P276

建设工程实行质量保修制度，工程承包单位在向建设单位提交工程竣工验收报告时，应当向建设单位出具质量保修书。质量保修书应当明确建设工程的保修范围、保修期限和保修责任等。

69. B

P277

《交接检查记录》中“见证单位”的规定：当在总包管理范围内的分包单位之间移交时，见证单位为“总包单位”；当在总包单位和其他专业分包单位之间移交时，见证单位应为“建设（监理）单位”。

70. D

P280

永久是指工程档案需永久保存；长期是指工程档案的保存期限等于该工程的使用寿命；短期是指工程档案保存 20 年以下。

71. ABE

P2

业主方项目管理的目标包括项目的投资目标、进度目标和质量目标；

P3

设计方的项目管理目标包括设计的成本目标、设计的进度目标和设计的质量目标，以及项目的投资目标；

P4

供货方项目管理的目标包括供货方的成本目标、供货的进度目标和供货的质量目标；

建设工程项目总承包方项目管理的目标包括项目的总投资目标和总承包方的成本目标、项目的进度目标和项目的质量目标。

72. CD

P7

组织结构模式和组织分工都是一种相对静态的组织关系，工作流程组织则可反映一个组织系统中各项工作之间的逻辑关系，是一种动态关系。

P18

在工作任务分工表中应明确各项工作任务由哪个工作部门（或个人）负责，由哪些工作部门（或个人）配合或参与。无疑，在项目进展的过程中，应视必要性对工作任务分工表进行调整。

73. AD

P26

单位工程施工组织设计是在施工组织总设计的指导下，由直接组织施工的单位根据施工图设计进行编制，用以直接指导单位工程的施工活动，是施工单位编制分部（分项）工程施工组织设计和季、月、旬施工计划的依据。故选项B错误。

P27

合理安排施工顺序，是施工组织设计的编制原则。故选项C错误。

P25

施工组织总设计是对整个建设工程项目施工的战略部署，是指导全局性施工的技术和经济纲要。故选项E错误。

74. ABC

P35

项目经理应履行下列职责：(1) 项目管理目标责任书规定的职责；(2) 主持编制项目管理实施规划，并对项目目标进行系统管理；(3) 对资源进行动态管理；(4) 建立各种专业管理体系，并组织实施；(5) 进行授权范围内的利益分配；(6) 收集工程资料，准备结算资料，参与工程竣工验收；(7) 接受审计，处理项目经理部解体的善后工作；(8) 协助组织进行项目的检查、鉴定和评奖申报工作。

75. BCD

P44

工程建设监理规划的程序和依据应符合下列规定：(1) 工程建设监理规划应在签订委托监理合同及收到设计文件后开始编制，完成后必须经监理单位技术负责人审核批准，并应在召开第一次工地会议前报送业主；(2) 应由总监理工程师主持，专业监理工程师参加编制；(3) 编制工程建设监理规划的依据：建设工程的相关法律、法规及项目审批文件；与建设工程项目有关的标准、设计文件和技术资料；监理大纲、委托监理合同文件以及建设项目相关的合同文件。

76. BCE

P49

规费是指按国家法律、法规规定，由省级政府和省级有关权力部门规定必须缴纳或计取的费用，包括：(1) 社会保险费，养老保险费，失业保险费，医疗保险费，生育保险费，工伤保险费；(2) 住房公积金；(3) 工程排污费。

77. ABDE

P58

工程量清单的主要作用如下：(1) 工程量清单为投标人的投标竞争提供了一个平等和共同的基础；(2) 工程量清单是建设工程计价的依据；(3) 工程量清单时工程付款和结算的依据；(4) 工程量清单是调整工程价款、处理工程索赔的依据。

78. ACD

P74

周转性材料消耗一般与四个因素有关：(1) 第一次制造时的材料消耗（一次使用量）；(2) 每周转使用一次材料的损耗（第二次使用时需要补充）；(3) 周转使用次数；(4) 周转材料的最终回收及其回收折价。

79. CDE

P108

在编制成本支出计划时，要在项目总的方面考虑总的预备费，也要在主要的分项工程中安排适当的不可预见费。故选项 A 错误。

P107

大中型项目总施工成本分解的次序是：单项工程、单位工程、分部工程、分项工程。

80. ACE

P116

见图 2Z102053。

81. BCDE

P98

承包人根据办理的竣工文件，向发包人提交的竣工结算款支付申请。该申请应包括下列内容：(1) 竣工结算合同价款总额；(2) 累计已实际支付的合同价款；(3) 应扣留的质量保证金；(4) 实际应支付的竣工结算款金额。

82. ABE

P127

控制性施工进度计划编制的主要目的是通过计划的编制，以对施工承包合同所规定的施工进度目标进行再论证，并对进度目标进行分解，确定施工的总体部署，并确定为实现进度目标的里程碑事件的进度目标，作为进度控制的依据。

83. BD

P144

网络计划中总时差最小的工作是关键工作。

84. ABC

P145

施工进度计划的调整应包括：(1) 工程量的调整；(2) 工作（工序）起止时间的调整；(3) 工作关系的调整；(4) 资源提供条件的调整；(5) 必要目标的调整。

85. ABCD

P149

施工质量的影响因素主要有“人、材料、机械、方法及环境”等五大方面。施工质量控制应以人的因素为基本出发点。加强对材料的质量控制，是保证工程质量的重要基础。机械设备包括工程设备、施工机械和各类施工工器具。

P150

施工质量管理环境因素主要指施工单位质量保证体系、质量管理制度和各参建施工单位之间的协调等因素。

86. CD

P158

选项A、B属于目测法，选项E属于试验法。

87. ABC

P176

某些工程质量问题虽然达不到规定的要求或标准，但其情况不严重，对工程或结构的使用及安全影响很小，经过分析、论证、法定检测单位鉴定和设计单位等认可后不专门作处理。一般可不作专门处理的情况有：（1）不影响结构安全、生产工艺和使用要求的；（2）后道工序可以弥补的质量缺陷；（3）法定检测单位鉴定合格的；（4）出现的质量缺陷，经检测鉴定达不到设计要求，但经原设计单位核算，仍能满足结构安全和使用功能的。

88. ABD

P178

在工程项目开工前，监督机构首先在施工现场召开由参与工程建设各方代表参加的监督会议，公布监督方案，提出监督要求，并进行第一次的监督检查工作。检查的重点是参与工程建设各方主体的质量行为。检查的主要内容有：（1）检查参与工程项目建设各方的质量保证体系建立情况，包括组织机构、质量控制方案、措施及质量责任制等制度；（2）审查参与建设各方的工程经营资质证书和相关人员的资格证书；（3）审查按建设程序规定的开工前必须办理的各项建设行政手续是否齐全完备；（4）审查施工组织设计、监理规划等文件以及审批手续；（5）检查的结果记录保存。

89. ABE

P189

为了履行对合规性承诺，合规性评价分公司级和项目组级评价两个层次进行。故选项C错误。

管理评审时由施工企业最高管理者对管理系统的系统评价。故选项D错误。

90. ABDE

P111

施工成本控制的主要依据包括：（1）工程承包合同；（2）施工成本计划；（3）进度报告；（4）工程变更。除此之外，有关施工组织设计、分包合同等也都是施工成本控制的依据。

91. ACDE

P214

噪声污染的处理：（1）合理布局施工场地，优化作业方案和运输方案，尽量降低施工现场附近敏感点的噪声强度，避免噪声扰民。（2）在人口密集区进行较强噪声施工时，须严格控制作业时间，一般避开晚10时到次日早6时的作业；对环境的污染不能控制在规定范围内的，必须昼夜连续施工时，要尽量采取措施降低噪声。（3）夜间运输材料的车辆进入施工现场，严禁鸣笛和乱轰油门，装卸材料要做到轻拿轻放。（4）进入施工现场不得高声喊叫和乱吹口哨、不得无故甩打模板、钢筋铁件和工具设备等，严禁使用高音喇叭、机械设备空转和不应当的碰撞其他物件。(5) 加强各种机械设备的维修保养，缩短保养周期，尽可能降低机械设备噪声的排放。(6) 施工现场超噪声值得声源，应采取措施降低噪声或转移声源。(7) 在施工现场噪声的传播途径上，采取吸声、隔声等的声学处理的方法来降低噪声。

92. BCDE

P220

在施工总承包模式中，如果业主同意将某几个部分的工程进行分包，施工分包单位往往由施工总承包单位选择。故选项 A 错误。

93. AE

P244

工程承包人应在劳务分包人施工前完成下列工作：(1) 向劳务分包人交付具备本合同项下劳务作业开工条件的施工场地；(2) 满足劳务作业所需的能源供应、通讯及施工道路通畅；(3) 向劳务分包人提供相应的工程资料；(4) 向劳务分包人提供生产、生活临时设施。

94. BCDE

P252

变动总价合同是一种相对固定的价格，在合同执行过程中，由于通货膨胀等原因而使所使用的工、料成本增加时，可以按照合同约定对合同总价进行相应的调整。当然，一般由于设计变更、工程量变化或者其他工程条件变化所引起的费用变化也可以进行调整。

95. ABC

P261

索赔的成立，应该同时具备以下三个前提条件：(1) 与合同对照，事件已造成了承包人工程项目成本的额外支出，或直接工期损失；(2) 造成费用增加或工期损失的原因，按合同约定不属于承包人的行为责任或风险责任；(3) 承包人按合同规定的程序和时间提交索赔意向通知和索赔报告。以上三个条件必须同时具备，缺一不可。